궁금했어,
에너지

궁금했어, 에너지

정창훈 글 | 조에스더 그림

나무생각

차 례

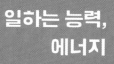

일하는 능력,
에너지

에너지는
일을 할 수 있는 능력

과학자들은 에너지는 '일을 할 수 있는 능력'이라고 말해요. 에너지가 많으면 일을 많이 할 수 있고, 에너지가 적으면 일을 거의 할 수 없지요. 에너지가 무엇인지 이해하기는 쉽지 않지만 일이 무엇인지 모르는 사람은 없을 거예요.

아프리카의 북동쪽 끝에는 나일강이 흐르고 있어요. 이곳은 대부분 거친 사막이지만 나일강 주변과 나일강 하구의 삼각주에는 아주 비옥한 농경지가 펼쳐져 있어요. 지금으로부터 수천 년 전에 이 지역에서 이집트라는 나라가 생겨나 찬란한 문명을 꽃피웠어요. 이집트를 다스리던 왕을 파라오라고 불러요. 파라오는 자신의 권력에 걸맞은 커다란 무덤을 지었는데 그 무덤이 바로 피라미드예요.

쿠푸 왕은 약 4,500년 전에 이집트를 다스리던 파라오였어요. 쿠푸 왕이 어떤 파라오였는지 자세히 알려진 것은 없지만 아프리카 역사에서 가장 강력한 왕일 거라고 생각해요. 왜냐하면 쿠푸 왕이 가장 큰 피라미드를 만든 파라오였거든요.

피라미드를 짓기 위한 일의 양

쿠푸 왕의 피라미드는 폭이 50센티미터에서 2미터나 되는 육면체의 돌을 약 230만 개나 쌓아 만들었어요. 피라미드의 밑면은 한 변이 230미터인 정사각형이고 위로 올라갈수록 점점 좁아지는 사각뿔 모양을 하고 있지요. 쿠푸 왕의 피라미드의 높이는 원래 147미터였는데 오랜 세월이 지나며 꼭대기 일부가 무너졌기 때문에 지금 높이는 139미터로 낮아졌어요.

쿠푸 왕의 피라미드처럼 큰 건축물을 지으려면 수많은 사람들이 오랜 세월 동안 엄청난 양의 일을 해야 해요.

피라미드의 밑면을 이루는 네 변은 길이도 거의 같고 방향도 거의 정확하게 동서남북을 가리키고 있어요. 당시 정사각형의 길이와 방향을 재는 것은 사제의 일이었어요. 사제는 신에게 드리는 제사를 주관하는 사람이에요. 또 여러 가지 지식도 갖추고 있어서 별을 관측해 방향을 정확히 잴 수 있었지요. 별은 시간과 방향을 알려 주는 달력이자 나침반이었거든요.

사제는 온갖 지식을 이용해 피라미드 네 귀퉁이의 위치를 정했어요. 그러고 나면 금빛 찬란한 옷을 입은 파라오는 사제가 정한 위치에

피라미드

황금 망치로 못을 박았지요. 이런 식으로 피라미드의 밑그림이 그려지면 거기에 돌을 옮기고 쌓는 것은 모두 인부들의 일이었어요. 인부들은 돌을 채석장에서 공사장까지 옮기고 자르고 다듬었어요. 또 다듬은 돌을 제 위치로 옮기고 차근차근 쌓았어요.

피라미드처럼 큰 건축물을 지으려면 계획을 잘 세워야 해요. 그중에서도 일하는 사람의 수와 공사 기간의 예측은 아주 중요하지요. 공사 기간이 터무니없이 길어지면 나라 살림이 바닥날 수도 있거든요.

쿠푸 왕의 피라미드를 지으려면 얼마나 많은 사람이 얼마나 오랫동안 일을 해야 할까요? 그것을 알아내려면 먼저 일의 양이 얼마나 되는지 따져 봐야 해요.

무거운 돌 100개를 채석장에서 공사장으로 옮긴다고 생각해 봐요. 무거운 돌을 옮길 때에는 원기둥 모양의 통나무를 굴림대로 이용하면 편해요. 돌 밑에 여러 개의 굴림대를 깔고 돌을 끌거나 미는 것이지요. 굴림대 여러 개를 나란하게 깔고 그 위에 돌을 얹고 인부 한 명이 밀기 시작했어요. 돌이 굴림대 끝에 이르면 뒤쪽 굴림대를 앞쪽으로 옮겼지요. 이런 식으로 인부 한 명이 돌 하나를 채석장에서 공사장까지 옮기는 데 꼬박 하루가 걸렸어요. 인부 한 명이 하루에 할 수 있는 일의 양은 돌 한 개를 옮기는 거예요.

그렇다면 돌 100개를 옮기는 데는 당연히 100일이 걸리겠지요. 그런데 문제가 생겼어요. 20일이 지나면 나일강에 홍수가 나기 때문에 일을 할 수 없거든요. 모든 일을 20일 만에 끝내려면 어떻게 해야 할까요? 하루에 돌 다섯 개를 옮겨야 해요. 그러려면 인부 다섯 명이 필요하지요. 만일 인부가 10명이라면 모든 일을 10일 만에 끝낼 수 있을 거예요.

인부 한 명이 하루에 할 수 있는 일의 양과 전체 일의 양은 정해져 있어요. 그래서 일을 끝내는 데 걸리는 기간은 인부의 수에 따라 달라져요. 인부가 많을수록 기간은 줄어들지요. 그리스의 역사가 헤로도토스는 이런 기준에 따라 쿠푸 왕의 피라미드를 약 2만 명의 인부가 약 20년에 걸쳐 만들었다고 추측했어요.

1장 일하는 능력, 에너지

일은 힘에 맞서
물체를 옮기는 활동

다리를 놓아 강의 양쪽을 잇고, 건물 지을 터를 닦고, 산을 가로질러 터널을 뚫고……. 요즘 세상에는 큰 공사가 아주 많아요. 사람들이 해야 하는 일의 양도 그만큼 많아졌지요. 피라미드를 짓던 옛날에는 인부의 수를 기준으로 일의 양을 정했어요.

"일하는 사람이 100명이니 오늘 하루 동안 돌 100개는 옮길 수 있겠군. 앞으로 40일은 더 공사를 해야겠어."

하지만 요즘에는 일을 할 때 주로 기계를 이용해요. 굴착기, 지게차, 타워크레인, 덤프트럭 등 다양한 장비를 사용하지요. 그래서 일의 양을 정확히 나타내는 것이 옛날보다 더욱 중요해졌어요.

과학자들은 일을 무엇이라고 생각할까요? 또 일의 양을 어떻게 나타내고 있을까요? 과학자들은 일을 '힘에 맞서 물체를 옮기는 활동'이

라고 정했어요. 일의 양은 '힘의 크기에 물체를 옮긴 거리를 곱한 값'
으로 나타내지요. 이제 피라미드를 만들던 사람들이 어떤 일을 했는지
과학자들처럼 생각해 볼게요.

마찰력과 중력

　　과학자들이 생각하는 일은 우리가 생각하는 일과 조금 달
라요. 예를 들어 우리는 별을 관측하며 피라미드의 방향을 정하던 사
제들도 일을 했다고 생각해요. 또 인부들을 관리하던 감독관들도 일을
했다고 여기지요. 하지만 사제나 감독관들의 일은 과학자들이 말하는
일이 아니에요. 힘을 쓰지도 않고 물체를 옮기지도 않았거든요. 그렇
다면 돌을 옮긴 인부들은 과연 일을 한 것일까요?

　채석장에 무거운 돌이 쌓여 있어요. 인부 한 명이 공사장까지 돌을
옮기려고 힘껏 밀었어요. 돌은 꼼짝하지 않았지요. 인부는 오랫동안
힘을 주었어요. 이때 인부는 일을 한 것일까요? 그렇지 않아요. 물체
를 조금도 옮기지 못했거든요. 물체에 아무리 힘을 주어도 물체가 이
동하지 않았으면 한 일이 없는 거예요.

　통나무 굴림대 위에 돌을 올려놓고 여러 명의 인부가 밀었어요. 이
제 돌이 움직이기 시작하네요. 힘을 주면 돌이 이동하고 힘을 주지 않
으면 돌이 멈춰요. 인부들은 힘에 맞서 돌을 옮겼기 때문에 일을 한
거예요.

　여기에서 한 가지 더 생각해 봐요. 인부들은 어떤 힘에 맞서 일을 한

것일까요? 돌을 밀기 시작하면 돌과 땅 사이에 힘이 생겨요. 돌의 움직임을 방해하는 이 힘을 '마찰력'이라고 해요. 인부들은 이 마찰력에 맞서 돌을 옮긴 거예요. 그런데 돌 위에 통나무 굴림대를 깔면 마찰력이 줄어들어서 좀 더 쉽게 돌을 옮길 수 있지요.

만일 마찰력이 없는 곳에서 물체에 힘을 주면 어떻게 될까요? 아주 매끄러운 얼음판 같은 곳 말이에요. 마찰력이 없는 우주 공간도 마찬가지예요. 이때는 큰 힘을 주지 않고 살짝 건들기만 해도 물체는 저절로 미끄러져요. 하지만 물체를 아무리 먼 곳까지 옮겼더라도 힘을 주지 않으면 일을 하지 않은 거예요.

이처럼 과학에서의 일은 우리가 보통 생각하는 일과 달라요. 과학에서의 일은 '힘'과 '이동 거리'라는 두 가지 조건이 모두 만족해야 한다는 사실을 꼭 기억해 두세요.

자, 채석장에서 공사장으로 돌을 옮겼으면 이제 돌을 하나씩 쌓아야 해요. 그래야 높은 피라미드를 만들 수 있으니까요. 돌을 옮길 때는 돌을 수평 방향으로 움직였다면, 공사장에서 돌을 쌓을 때는 돌을 위로 들어 올려야 해요.

돌을 위로 옮기는 일은 옆으로 옮기는 일보다 훨씬 힘들어요. 이집트 사람들은 흙으로 경사로를 만들고 그 경사로를 따라 돌을 옮겼지요. 경사로를 따라 돌을 옮기면 거리는 더 멀지만 힘은 적게 들거든요. 이때 인부들이 한 일은 경사로의 길이와는 관계없어요. 위로 이동한 거리, 즉 높이 변화만이 인부들이 한 일이에요.

돌을 옆으로 옮길 때 인부들은 마찰력에 맞섰다고 했어요. 그러면 돌을 위로 옮길 때에는 어떤 힘에 맞선 것일까요? 지구 위의 모든 물체와 지구 사이에는 '중력'이라는 힘이 작용해요. 인부들이 돌을 위로 옮길 때에도 중력이 작용하지요. 인부들은 지구가 돌을 끌어당기는 힘, 즉 중력에 맞서 일을 한 거예요.

지구가 물체를 끌어당기는 중력의 크기를 '물체의 무게'라고 해요. 여러분의 몸무게는 지구가 우리 몸을 끌어당기는 중력의 크기인 셈이에요. 따라서 인부들은 돌의 무게에 맞서 일을 했다고 할 수 있어요. 이때 인부들이 한 일의 양은 돌의 무게에 높이 변화를 곱한 값이에요.

일의 양 = 돌의 무게 × 변화된 높이

모습을 바꿔 가며
일을 하는 에너지

오직 사람만이 일을 할 수 있는 것일까요? 그렇지 않아요. 세상 모든 것은 일을 할 수 있는 능력을 가지고 있어요. 세상 모든 것이 에너지를 가지고 있는 셈이지요.

우리 주변을 환하게 비추는 빛도 에너지를 가지고 있어요. 태양 전지에 빛을 쬐면 모터를 돌릴 수 있고, 자동차를 달리게 할 수도 있어요. 빛이 가지고 있는 에너지를 '빛 에너지'라고 불러요.

주변에서 시끄럽게 들리는 소리도 에너지를 가지고 있어요. 소리는 우리 귓속의 고막을 흔들고, 유리창을 흔드는 일을 할 수 있지요. 아주 센 소리는 유리잔 같은 물체를 부술 수도 있어요. 소리가 가진 에너지를 '소리 에너지'라고 불러요.

물체를 데우는 열도 에너지를 가지고 있어요. 물이 가득한 주전자에

열을 가해 끓이면 주전자 뚜껑이 들썩거려요. 열이 주전자 뚜껑을 들어 올리는 일을 하는 거지요. 열이 가지고 있는 에너지를 '열 에너지'라고 불러요.

세상에는 이밖에도 아주 많은 종류의 에너지가 있어요. 에너지의 종류에 대해서는 차츰 알아보기로 해요. 그런데 여기에서 꼭 하나 알아둘 것은 한 종류의 에너지는 끊임없이 다른 종류의 에너지로 바뀌면서 일을 한다는 거예요. 우리가 좋아하는 컴퓨터 게임을 예로 들어 살펴볼까요?

모습을 바꾸는 에너지

컴퓨터 게임을 하려면 키보드와 마우스의 버튼을 눌러야 해요. 버튼을 누르는 일을 하는 것은 우리 몸의 근육이 가지고 있는 에너지예요. 근육이 가지고 있는 에너지를 근육 에너지라고 불러볼게요.

버튼을 누르면 버튼이 움직여요. 움직이는 물체가 가지고 있는 에너지를 운동 에너지라고 불러요. 움직이는 버튼이 가지고 있는 에너지는 버튼의 운동 에너지, 움직이는 손가락이 가지고 있는 에너지는 손가락의 운동 에너지라고 할 수 있지요. 우리가 버튼을 누를 때 근육 에너지는 손가락의 운동 에너지로 바뀌어요. 손가락의 운동 에너지는 버튼의 운동 에너지로 바뀐답니다.

버튼은 일종의 스위치예요. 버튼을 누를 때마다 스위치가 작동하고

1장 일하는 능력, 에너지

전기 신호가 전달되면서 모니터에 영상이 나타나고 스피커에서 음향이 퍼져 나와요. 모니터의 영상과 스피커의 음향도 모두 에너지예요. 영상은 빛 에너지이고 음향은 소리 에너지이지요. 그러면 이 빛과 소리를 만든 것은 어떤 에너지일까요? 바로 전선을 통해 컴퓨터에 공급된 전기 에너지예요. 우리가 알고 있는 전기도 에너지인 셈이지요.

게임을 오래 하다 보면 컴퓨터 본체가 뜨끈뜨끈해지기도 해요. 컴퓨터를 작동하는 동안 전기 에너지의 일부가 열 에너지로 바뀌기도 하는데, 이 열 에너지가 컴퓨터 본체를 따뜻하게 데운 거랍니다.

에너지는 이처럼 끊임없이 모습을 바꾸며 일을 해요. 에너지가 모습을 바꾼다는 것은 이 에너지가 다른 에너지로 바뀐다는 거예요. 그것은 이 에너지가 다른 에너지를 만들었다는 말과 같지요. '에너지는 일을 할 수 있는 능력'이라고 했어요. 하지만 이제부터는 '에너지는 다른 에너지를 만들 수 있는 능력'이라고 이해해도 좋아요.

인류는 아주 오래전부터 에너지를 이용해 문명을 발전시켜 왔어요. 피라미드를 만든 이집트 사람들처럼 말이에요. 어쩌면 인류의 역사는 에너지 발전의 역사라고도 할 수 있어요. 문명은 새로운 에너지를 발견하고 더 많은 에너지를 쓰게 되면서 더욱 발전했으니까요.

이제 인류가 어떻게 새로운 에너지를 발견하고 이용했는지 더 알아보기로 해요. 그러는 동안 에너지에 대해 점점 더 흥미가 생길 거예요.

신전 자동문의
비밀

사제는 신전 계단을 천천히 오른 후 문 앞의 제단에서 멈췄어요. 그리고 제단 위의 화로에 불을 붙였지요. 불길이 치솟으며 주변으로 뜨거운 열기가 퍼졌어요.

　사제가 비밀 주문을 외우자 잠시 후 견고하게 닫혀 있던 신전의 문이 열리기 시작했어요.

　"우아! 문이 저절로 열리잖아?"

　"놀라운 일이야!"

　"성스러운 사제에게 모두 경의를!"

　신전 계단의 아래쪽에 모인 시민들은 탄성을 지르며 고개를 조아렸어요. 사제의 주문만으로 신전의 문이 저절로 열렸거든요.

신전의 자동문을 설계한 과학자 헤론

이집트에서 북쪽으로 지중해를 건너면 그리스에 도착해요. 그리스는 이집트의 뒤를 이어 찬란한 문명을 꽃피운 나라예요. 헤론은 약 2,000년 전에 활동하던 그리스의 과학자이자 뛰어난 발명가였어요. 신전의 자동문을 설계한 사람이 바로 헤론이었지요.

문을 열고 닫으려면 계속 힘을 주어야 해요. 힘을 준 채 어떤 물체를 옮기는 활동을 일이라고 했으니까 문을 열고 닫는 것도 일인 셈이에요. 그리스에서 이런 일을 한 사람은 노예였어요. 노예의 에너지를 이용해 신전의 문을 열고 닫았지요.

요즘의 자동문은 스위치만 누르면 열고 닫을 수 있어요. 감지기를 부착한 자동문이라면 사람이 다가서기만 해도 저절로 열리지요. 이런 자동문에 비해 헤론의 자동문은 좀 불편해요. 제단의 화로에 불을 붙이고 한참 기다려야 하거든요. 그냥 건장한 노예를 시켜 문을 열고 닫는 편이 훨씬 쉬웠을 텐데 어째서 그리스의 사제는 불편하게 이런 문을 이용했던 것일까요?

신전은 성스럽고 신비로운 곳이에요. 신에게 제물을 바치기도 하고, 신의 뜻을 묻기도 하는 곳이지요. 사제는 시민을 대표해 신을 모시는 사람이에요. 사제는 자신이 일반 시민보다 신의 뜻을 잘 헤아리고 있다는 걸 보여 줘야 했어요. 그렇게 해야 많은 시

헤론

민들이 사제를 믿고 따를 테니까요.

헤론 같은 과학자들은 자동문의 원리를 잘 알고 있었지만 시민들은 문이 저절로 열리고 닫히는 것을 보고 사제에게 특별한 힘이 있다고 믿었어요. 그리고 그 힘을 신에게서 부여받은 것이라고 여겼지요. 그런 의미에서 신전의 자동문은 사제의 권위를 세우려는 과학 이벤트였던 셈이에요.

과연 이 자동문의 작동 원리는 무엇일까요? 또 이 자동문을 열고 닫는 데에는 어떤 에너지가 쓰인 것일까요?

제단의 화로에 불을 붙이면 주변이 뜨거워져요. 그 뜨거운 기운을 열기 또는 열이라고 해요. 제단 화롯불의 열은 가열 관을 통해 땅속에 숨겨진 커다란 물통으로 이동해요. 물통의 공기는 열을 얻어 뜨거워지면서 점점 부풀지요. 그러면 물통 안의 기압이 높아지기 때문에 물이 물그릇으로 밀려나요.

물그릇은 물이 채워질수록 점점 무거워져요. 마침내 물이 가득 채워지고 물그릇이 추보다 더 무거워지면 물그릇은 밑으로 내려가요. 이때 회전축 반대쪽의 추는 물그릇에 이끌려 위로 올라가지요. 물그릇은 밑으로 내려가면서 밧줄을 끌어당겨요. 그러면 회전축에 이어진 톱니바퀴가 돌면서 서서히 신전의 문이 열리는 거예요.

닫히는 원리는 열릴 때와 반대지요. 화롯불이 꺼지면 물통의 공기가 식으면서 점점 줄어들고 물통 안의 기압이 낮아지기 때문에 물그릇의 물이 물통으로 이동해요. 물그릇은 물이 비워지면서 점점 가벼워져요. 물그릇이 충분히 비워지고 추보다 가벼워지면 추가 밑으로 내려가고 물그릇은 위로 올라가지요. 추는 밑으로 내려가면서 밧줄을 끌어당겨요. 그러면 회전축에 이어진 톱니바퀴가 반대 방향으로 돌면서 신전의 문이 닫히는 거예요.

자동문을 작동시키는 장치는 모두 신전의 지하에 숨겨져 있어서 일반 시민들은 볼 수가 없지요. 시민들에게는 제단의 화로에 불이 붙고 꺼지면 사제의 주문에 따라 문이 열리고 닫히는 것처럼 보이는 거예요.

에너지의
여러 가지 모습

물체를 따뜻하게
데우는 열 에너지

제단의 화로에 불을 붙이면 열이 나온다고 했어요. 그 열을 이용해 신전의 문을 열고 닫는 일을 했다는 것은 열이 에너지라는 뜻이 아닐까요? 맞아요. 과학자들은 물체를 태울 때 나오는 열이 에너지의 한 종류라고 생각해요. 그래서 열을 '열 에너지'라고도 부르지요. 우리 주변에서 자주 만날 수 있어서 아주 친숙한 열 에너지는 어떤 성질을 가지고 있을까요?

얼음은 차갑고 냉수는 시원해요. 수프는 따뜻하고 뭇국은 뜨겁지요. 차갑고 따뜻함은 물질이 가지고 있는 성질 중 하나예요. 그런데 차갑다거나 따뜻하다는 기준은 정확하지 않을 때가 많아요. 같은 물인데도 어떤 사람에게는 시원하고 어떤 사람에게는 미지근하게 느껴질 수 있으니까 말이에요.

같은 온도의 물이라도 운동장에서 신나게 축구를 하다가 들어와 마시면 시원하게 느껴지는 반면, 추운 겨울에 주방에서 마시면 미지근하지요. 과학자들은 이런 혼란을 막으려고 물질의 차갑고 따뜻한 정도를 정확히 나타낼 수 있는 값을 정했어요. 그 값을 온도라고 해요.

열 에너지의 중요한 성질 여섯 가지

온도의 단위는 흔히 섭씨(℃)로 나타내요. 섭씨는 물의 끓는점과 어는점을 100등분해 만든 온도 눈금이에요. 1742년 스웨덴의 천문학자인 안드레스 셀시우스

온탕

가 처음 창안했지요. 예를 들어 목욕탕에서 냉탕의 온도는 15℃이고, 온탕의 온도는 40℃라고 표기하지요.

그런데 어째서 어떤 물체는 온도가 높고 어떤 물체는 온도가 낮은 걸까요? 과학자들은 물체가 무엇인가를 얻으면 따뜻해지고, 그 무엇인가를 잃으면 차가워진다고 생각했어요. 그리고 그 무엇인가를 '열'이라고 불렀지요. 열은 다음과 같은 몇 가지 중요한 성질을 가지고 있어요.

첫째, 모든 물체는 열을 가지고 있어요. 펄펄 끓는 물도 열을 가지고 있고, 꽁꽁 얼어붙은 물도 열을 가지고 있지요. 이 세상에 열을 가지고 있지 않은 물체는 없다고 생각해도 괜찮을 거예요.

냉탕

둘째, 물체는 열을 잃기도 하고 얻기도 해요. 냉탕에 들어가면 우리 몸은 열을 잃고 냉탕의 물은 열을 얻어요. 그래서 냉탕에 들어가면 시원하다고 느끼는 거예요. 온탕에 들어가면 우리 몸은 열을 얻고 온탕의 물은 열을 잃어요. 그래서 따뜻하게 느끼는 거고요.

셋째, 열은 언제나 온도가 높은 물체에서 낮은 물체로 이동해요. 냉탕의 차가운 물도 열을 가지고 있어요. 그렇다면 냉탕의 물이 가진 열이 우리 몸으로 이동할 수도 있지 않을까요? 아니에요. 그런 일은 일어나지 않아요. 우리 몸의 온도가 냉탕의 물 온도보다 높거든요.

넷째, 열은 두 물체의 온도가 같아질 때까지 이동해요. 냉장고가 없던 시절 무더운 여름이면 수박을 차가운 우물물에 띄웠다가 먹었어요. 무더위에 뜨끈뜨끈해진 수박의 온도는 우물물보다 높았으니까요. 차가운 우물에 수박을 넣으면 열이 수박에서 우물물로 이동하면서 수박의 온도가 낮아지고 우물물의 온도는 올라가게 되지요. 결국 우물물과 수박의 온도가 같아지면, 열은 더 이상 이동하지 않아요.

다섯째, 열은 물체의 상태를 바꿔요. 냉장고의 냉동실에서 얼음을 꺼내면 얼음은 주변의 따뜻한 공기로부터 열을 얻어요. 그러면 얼음의 온도가 올라가지요. 얼음의 온도가 0℃를 넘으면 녹기 시작해요. 고체인 얼음이 액체인 물로 바뀌는 거지요.

물이 담긴 주전자를 가스레인지에 올려놓고 불을 켰어요. 물은 가스레인지의 불꽃으로부터 열을 얻어요. 물의 온도는 점점 올라가다가 100℃가 되면 펄펄 끓으면서 수증기로 변하기 시작해요. 액체인 물이 기체인 수증기로 바뀐 거예요.

여섯째, 열은 에너지예요. 주전자의 물이 끓기 시작하면 뚜껑이 들썩거리기도 해요. 수증기가 뚜껑을 들어 올리기 때문이지요. 주전자 뚜껑을 들어 올리는 일을 한 것은 결국 열이에요. 신전의 자동문을 열고 닫은 것처럼 말이에요.

움직이는 물체가 가지고 있는
운동 에너지

1519년 8월 10일, 스페인에서 다섯 척의 범선으로 이루어진 탐험대가 길을 떠났어요. 페르디난드 마젤란 선장이 이끄는 탐험대의 목적은 바닷길로 세계를 일주하는 것이었어요. 범선은 돛을 달고 바람의 힘으로 항해하는 배예요. 마젤란은 무역풍이라는 바람을 이용하면 지구를 한 바퀴 돌아 다시 스페인에 도착할 수 있다고 믿었어요.

무역풍은 적도의 북쪽과 남쪽에서 1년 내내 적도 쪽으로 부는 바람이에요. 적도의 북쪽에서는 북동 무역풍이 불고, 적도의 남쪽에서는 남동 무역풍이 불어요. 마젤란의 범선은 무역풍을 받으며 서쪽으로 나아갔어요. 하지만 언제나 바람의 도움을 받을 수 있는 것은 아니었어요. 적도 주변에는 바람이 거의 불지 않는 무풍지대가 있기 때문이에요.

마젤란은 대서양을 건널 때와 태평양을 건널 때 적도를 지나야 했는데 무풍지대를 만나면 바람이 불 때까지 그냥 바다 위를 둥둥 떠다닐 수밖에 없었어요. 돛을 밀어줄 바람이 없으니 앞으로 나아가지 못한 거지요.

　마젤란은 바람 한 점 없이 뜨거운 햇볕만 내리쬐는 무풍지대를 지나고 폭풍우와 거친 파도를 만나기도 했어요. 이런 어려움을 겪으면서도 망망대해에서 두려움에 떨고 질병에 시달리는 선원들을 격려하며 대서양과 태평양을 건넜지요. 하지만 마젤란은 세계 일주의 꿈을 이루지 못했어요. 1521년 4월 27일, 필리핀의 작은 섬에서 원주민과 싸우다 죽고 말았거든요. 그 뒤 1년 하고도 몇 개월이 지난 1522년 9월 8일, 배 한 척과 18명의 선원만이 간신히 살아남아 스페인에 도착할 수 있었어요.

바람의 힘을 이용한 범선

　　　　범선이 발명되기 전에는 사람이 노를 저어 배를 움직였어요. 배를 움직이는 일을 하는 데 사람의 에너지를 이용한 것이지요. 돌을 쌓아 피라미드를 만들 때 사람의 에너지를 이용한 것처럼 말이에요. 범선을 움직이는 것은 바람이에요. 배를 움직이는 일을 하는 데 바람 에너지를 이용하는 것이지요. 그런데 바람 에너지라는 것은 과연 무엇일까요?

　공기의 압력을 기압이라고 해요. 기압이 높으면 고기압, 낮으면 저

기압이라고 하지요. 바람은 기압
이 높은 곳에서 낮은 곳으로 공기
가 이동하는 현상이에요. 바람, 즉
이동하는 공기는 범선을 움직이는
것처럼 일을 할 수 있어요. 하지만
이동하지 않는 공기는 일을 할 수
없어요. 무풍지대에서 범선이 꼼
짝 못하는 것처럼요.

노로 움직이는 배(위)
돛을 단 범선(아래)

　이동하는 공기가 일을 할 수 있
다는 것은 에너지를 가지고 있다
는 뜻이기도 해요. 이동하는 물체
가 가지고 있는 에너지를 운동 에
너지라고 하는데 바람 에너지는
결국 운동 에너지의 한 종류인 셈
이지요.

　흐르는 물도 운동 에너지를 가지고 있어요. 세차게 흐르는 물은 자
갈과 모래와 진흙 같은 물체를 운반할 수 있거든요. 폭우가 오고 나면
산 위쪽의 흙이 아래쪽까지 흘러내려와 있는 걸 종종 볼 수 있지요.

　운동 에너지는 물체의 속도가 빠를수록 커져요. 그래서 물살이 빠른
곳에서는 자갈이나 모래가 잘 쌓이지 않지요. 바람도 마찬가지예요.
바람이 빠를수록 범선의 속도도 빨라져요.

화학 변화로 만들어지는
화학 에너지

그리스 신전의 자동문을 열려면 제단의 화로에 불을 붙여야 했어요. 그런데 돌로 만든 화로에 불을 붙일 수는 없어요. 연료가 필요하지요. 나무나 기름, 석탄, 석유처럼 불이 붙는 물질을 연료라고 해요. 옛날 사람들은 연료에 불을 붙여 주변을 밝히거나 음식을 익혀 먹었어요.

　나무나 기름, 석탄, 석유 같은 연료는 에너지를 가지고 있어요. 열처럼 뜨겁지도 않고, 바람처럼 이동하지도 않는 이런 연료에 어떤 에너지가 숨어 있을까요?

　에너지는 일을 할 수 있는 능력이기 때문에 연료가 에너지라면 일을 할 수 있어야 해요. 연료가 일을 할 수 있다는 것은 신전의 자동문을 통해 알 수 있어요. 신전의 자동문을 여닫는 일을 한 것은 열 에너지인데 이 열 에너지를 만든 것은 바로 연료예요. 다시 말해 연료가 열 에

너지를 만들어 낸 것이지요.

연료가 직접 자동문을 여닫지는 못해요. 하지만 연료에 불을 붙이면 열이 나오고 그 열이 자동문을 여는 일을 하지요. 결국 자동문을 여닫는 일을 한 것은 연료라는 뜻이에요. 과학자들은 이처럼 다른 에너지로 바뀔 수 있는 것도 에너지라고 정했어요. 그런데 연료가 어떻게 열에너지를 내는 것일까요?

화학 결합으로 만들어진 에너지

물질은 원자로 이루어져 있어요. 수많은 원자들이 레고 블록처럼 이어져 덩어리를 이룬 것이 바로 물질이에요. 과학자들은 원자들이 서로 이어지는 것을 '화학 결합'이라고 해요. 물(H_2O)은 산소(O) 원자 1개와 수소(H) 원자 2개가 화학 결합해 만들어진 물질이에요. 이산화탄소(CO_2)는 탄소(C) 원자 1개와 산소(O) 원자 2개가 화학 결합해 만들어진 물질이지요.

연료는 대부분 탄소 원자로 이루어져 있어요. 연료를 이루는 탄소 원자는 공기 중의 산소 원자와 만나면 서로 결합해 이산화탄소로 변해요. 이처럼 어떤 물질이 다른 물질로 변하는 현상을 '화학 변화'라고 불러요. 화학 변화가 일어날 때 많은 양의 열과 빛이 쏟아져 나오기도 해요. 그 열이 바로 연료를 태울 때 나오는 열 에너지이고 또 그 빛이 주변을 밝히는 빛 에너지랍니다.

과학자들은 연료 같은 물질 속에 어떤 에너지가 숨어 있다고 생각해요. 그 에너지는 원자들의 화학 결합 때문에 만들어진 에너지예요. 또 물질이 화학 변화를 일으키면 그 물질 속에 숨어 있던 에너지가 열 에너지와 빛 에너지 같은 여러 에너지로 바뀌어 나타나지요. 과학자들은 물질 속에 숨어 있는 이런 에너지를 '화학 에너지'라고 불러요.

불꽃

    화학 에너지는 우리 몸속에도 숨어 있어요. 화학 에너지를 품고 있는 우리 몸속의 물질을 아데노신 삼인산(adenosine triphosphate), 줄여서 ATP라고 부르지요. ATP도 마치 연료처럼 화학 변화를 일으키면서 에너지를 만드는데, 우리 몸은 이 에너지를 이용해 근육을 수축시키거나 이완시킬 수 있어요. 그래서 우리가 팔다리를 마음대로 움직일 수 있는 거예요. 피라미드를 쌓은 인부들이 팔다리를 움직이며 돌을 쌓을 때 쓴 에너지도 결국 ATP의 화학 에너지에서 비롯된 셈이지요.

    우리가 오랫동안 일을 하다 보면 에너지가 떨어져요. ATP가 부족해진 거예요. 우리가 배고픔을 느끼는 것은 ATP를 보충하라는 신호예요. ATP를 보충하려면 음식을 먹어야 해요. 음식이 몸속에서 소화 과정을 거치면서 다시 ATP가 만들어지거든요. 이제 피라미드를 만든 인부들이 가진 에너지의 근원이 화학 에너지라는 걸 알 수 있겠지요?

지구의 중력이 만드는
중력 에너지

벼나 보리, 밀 같은 곡식은 오래전부터 아주 중요한 식량이었어요. 이들 곡식의 낟알은 까칠한 껍질에 싸여 있어요. 이 껍질을 벗기고 가루를 내는 장치를 방아라고 하지요. 방아는 어떤 힘을 이용하느냐에 따라 디딜방아, 연자방아, 물레방아 등으로 나뉘어요.

디딜방아는 지레의 원리를 이용해 사람이 서서 발을 디디어 찧는 방아예요. 사람의 에너지를 이용하는 방아인 셈이지요. 연자방아는 둥글고 평평한 두 개의 돌로 이루어져 있어요. 큰 돌은 바닥에 깔리고 작은 돌은 큰 돌 위에 옆으로 세운 채 얹혀 있지요. 연자방아의 돌은 무겁기 때문에 말이나 소가 끌면서 돌려야 해요. 연자방아는 가축의 에너지를 이용하는 방아인 셈이에요.

물레방아는 큰 디딜방아처럼 생겼지만 사람이 아니라 물의 에너지를

디딜방아(왼쪽)
연자방아(오른쪽)

이용해 곡식을 찧는 방아예요.

디딜방아나 연자방아에서 일을 하는 것은 사람과 가축이에요. 하지만 물레방아에서 일을 하는 것은 물이에요. 과연 물은 어떤 에너지를 가지고 있는 것일까요?

중력 에너지를 이용한 물레방아

지구는 모든 물체를 끌어당기고 있어요. 이 힘을 중력이라고 하지요. 물이 홈통에서 물레바퀴로 떨어지는 것도 중력 때문이에요. 떨어지는 물은 물레바퀴를 돌릴 수 있어요. 사람이나 가축처럼 일을 한 것이지요.

과학자들은 지구의 중력 때문에 어떤 물체가 가지게 되는 에너지를 '중력 에너지'라고 정했어요. 물레방아는 물이 가진 중력 에너지를 이용해 일을 하는 장치인 셈이에요.

중력 에너지는 물체의 질량이 클수록 커요. 홈통에서 물이 많이 떨어질 때 물레바퀴가 더 쌩쌩 돌지요. 또 중력 에너지는 물체가 높은 곳에 있을수록 커요. 물이 더 세차게 떨어지기 때문에 물레바퀴가 더 쌩쌩 돌거든요. 이처럼 중력 에너지의 크기는 물체의 높이, 즉 위치에 따라 달라져요. 그래서 중력 에너지를 '위치 에너지'라고도 불러요.

물레방아에서 떨어지는 물 외에도 중력 에너지를 가진 부분이 또 있어요. 그건 방아머리에 붙어 있는 공이예요. 방아굴대가 방아채를 누르면 공이는 위로 올라가요.

앞에서 물체의 높이가 높을수록 중력 에너지가 커진다고 했죠? 그러니까 눌림대가 방아굴대를 누르면 공이는 위로 올라가면서 중력 에너지를 얻어요. 눌림대가 방아채를 벗어나면 공이는 아래로 떨어지면서 중력 에너지를 쓰지요.

사실 물레방아의 각 부분은 끊임없이 에너지를 전달하면서 일을 해요. 물레방아가 작동하는 동안 어떤 부분에서 어떤 에너지가 어떻게 이동하는지 한번 살펴보기로 해요.

홈통을 막았다가 열면 물이 아래로 떨어지기 시작해요. 물의 중력 에너지가 물의 운동 에너지로 바뀐 거예요. 물이 물레바퀴에 떨어지면 물레바퀴가 돌기 시작해요. 물의 운동 에너지가 물레바퀴로 이동한 것이지요. 운동 에너지는 물레바퀴에서 눌림대, 눌림대에서 방아굴대,

물레방아 외부(위) _ ⓒ문화재청
물레방아 내부(아래) _ ⓒ문화재청

방아굴대에서 방아채로 계속 이동해요.

방아채까지 이동한 운동 에너지는 앞에서 설명한 것처럼 공이의 중력 에너지로 바뀌어요. 그리고 공이의 중력 에너지는 다시 공이의 운동 에너지로 바뀌면서 확을 내리쳐요. 드디어 낟알을 빻는 일을 시작한 거예요.

48

전하가 만드는
전기 에너지

나무에 상처가 나면 끈적끈적한 나뭇진이 흘러나와요. 이 나뭇진이 땅속에 묻히고 오랜 세월 딱딱하게 굳어 만들어진 광물을 '호박'이라고 해요. 호박은 표면이 매끄럽고 반짝거려요. 또 옅은 갈색을 띠고 있으며 투명하지요. 옛날 사람들은 호박을 보석으로 여기며 목걸이 같은 장신구에 많이 썼어요.

호박은 참 이상한 성질을 하나 가지고 있어요. 표면이 아주 매끄러운데도 먼지가 잘 달라붙었거든요. 대부분의 사람들은 호박에 달라붙는 먼지를 귀찮게 여겼을 뿐이에요. 하지만 호박에 왜 먼지가 잘 달라붙는지 진지하게 생각한 사람이 있었어요. 바로 탈레스(Thales)라는 사람이었지요.

탈레스는 약 2,600년 전에 그리스에서 살았던 과학자예요. 탈레스

탈레스

는 일식을 예측하기도 했으며, 세상 모든 물질은 물로 이루어져 있다고 주장하기도 했어요. 또 전기 현상을 처음 발견한 사람이었지요.

탈레스는 호박을 헝겊이나 털가죽에 문지르며 여러 가지 물체에 대 보았어요. 놀랍게도 먼지는 물론 머리카락이나 새의 깃털도 잘 달라붙었어요. 탈레스는 호박을 다른 물체에 문지르면 물체를 끌어당기는 힘이 생긴다는 사실을 발견했어요.

같은 극은 밀어내고 다른 극은 끌어당기다

탈레스로부터 약 2,200년이 지난 후, 영국의 과학자이자 의사였던 윌리엄 길버트는 호박이 물체를 끌어당기는 현상에 '전기'라는 이름을 붙였어요. 전기를 뜻하는 영어 '일렉트리서티(electricity)'는 호박을 뜻하는 그리스어 '일렉트론(electron)'에서 따온 거예요. 과연 전기의 정체는 무엇일까요?

전기 현상을 일으키는 원인을 '전하'라고 해요. 질량을 가진 물체 사이에 중력이 작용하는 것처럼 전하를 가진 물체 사이에는 전기력이 작용해요. 중력은 언제나 끌어당기기만 하지만 전기력은 자석처럼 끌어당기기도 하고 밀어내기도 해요. 그 까닭은 질량에는 종류가 하나

밖에 없지만 전하에는 양
전하와 음전하, 두 종류가
있기 때문이에요. 자석에
N극과 S극이라는 두 개
의 극이 있는 것처럼 말
이에요.

자석은 같은 극끼리는
서로 밀어내고 다른 극은
서로 끌어당겨요. 전기에
서도 같은 전하는 서로 밀
어내고 다른 전하는 서로
끌어당기지요. 양전하와
양전하 또는 음전하와 음
전하는 서로 밀어내고, 양
전하와 음전하는 서로 끌
어당기는 거예요.

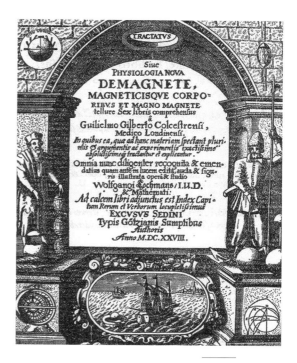

윌리엄 길버트가 쓴
《자석에 관하여》 1628년판 표지

모든 물질 속에는 음전하 알갱이와 양전하 알갱이가 가득해요. 평소
에는 음전하 알갱이와 양전하 알갱이의 수가 거의 같아서 전체적으로
전기를 띠지 않아요. 하지만 두 물질을 서로 마찰하면 물질 속의 음전
하 일부가 다른 물질 속으로 이동하기도 해요. 어떤 물질에서 음전하
와 양전하의 균형이 깨졌을 때 그 물질은 전하 또는 전기를 띠었다고
하지요. 음전하를 얻은 물질은 음전하를 띠고, 음전하를 잃은 물질은

2장 에너지의 여러 가지 모습

호박으로 만든 장신구

양전하를 띠어요.

호박은 털가죽에 문지르면 음전하를 띠어요. 털가죽 속의 음전하 일부가 호박으로 이동했기 때문이에요. 음전하를 띤 호박을 깃털에 가까이 가져가면 깃털 속에 골고루 퍼져 있는 음전하와 양전하가 이동하기 시작해요. 깃털 속의 양전하는 호박에 가까운 쪽으로 끌려오고, 음전하는 호박에서 먼 쪽으로 쫓겨나지요. 그러면 깃털에서 호박에 가까운 쪽은 양전하를 띠고, 호박에서 먼 쪽은 음전하를 띠게 되어요.

전기를 띤 물질은 전하 덩어리나 마찬가지예요. 호박은 음전하 덩어리인 셈이고, 깃털은 양전하 덩어리와 음전하 덩어리의 두 부분으로 이루어진 셈이지요. 음전하 덩어리인 호박과 깃털의 양전하 부분 사이에는 서로 끌어당기는 전기력이 작용하지요. 그래서 깃털이 호박에 달라붙는 거예요.

자, 이제 탈레스의 실험을 되새겨 보며 전기가 어째서 에너지인지 살펴볼까요?

탈레스가 호박을 털가죽에 문지르자 호박은 전하를 띠게 되었어요. 그리고 호박을 바닥에 놓인 깃털 가까이 대자 깃털이 공중으로 떠오르더니 호박에 착 달라붙었어요. 깃털에는 지구가 끌어당기는 중력이 작

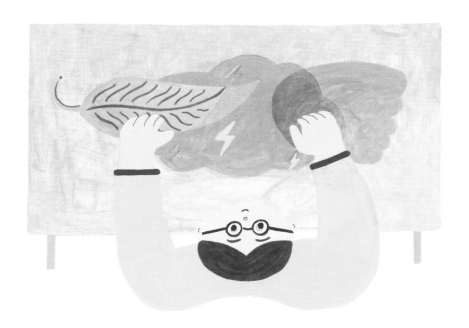

용하는데, 호박은 그 중력에 맞서 깃털을 끌어당겼어요. 다시 말해 호박이 일을 한 거예요. 호박의 무슨 에너지가 일을 한 것일까요? 과학자들은 전하를 띤 호박이 가진 그 에너지를 전기 에너지라고 불렀어요.

괴어 있는 전기와 흐르는 전기

전기 에너지에 대해 조금 더 알아보기로 해요. 전기 에너지는 우리 생활에 아주 중요하고 많이 쓰이는 에너지거든요. 우리는 전기로 텔레비전을 보고, 전등을 켜고, 통화를 하고, 컴퓨터를 이용해요. 전기가 없는 세상은 상상할 수 없지요. 그렇다면 전기는 어떻게 흘러서 가로등을 켜고, 네온사인을 밝히고, 엘리베이터를 작동시키는 걸까요? 자, 다시 호박 이야기로 돌아가 볼게요.

호박을 털가죽에 문지르면 호박은 음전하를 띤다고 했어요. 호박 속 음전하의 양이 양전하보다 조금 많아졌기 때문이에요. 호박 속의 음전하는 호박 속에 갇혀 있어요. 마치 웅덩이에 괸 물처럼 말이에요. 과학자들은 어떤 물체 속에 괴어 있는 전기를 '정전기'라고 불러요. 두 물체를 마찰하면 정전기가 생겨요. 그래서 정전기를 '마찰 전기'라고도 해요.

정전기와 동전기

정전기의 반대 뜻을 가진 낱말은 '동전기'예요. 정전기(靜

電氣)는 괴어 있는 전기라는 뜻이고 동전기(動電氣)는 움직이는 전기라는 뜻이지요. 과학자들은 전기에는 정전기뿐 아니라 동전기도 있다는 걸 발견했어요. 우리 생활에는 정전기보다 동전기가 더 많이 이용되고 있지요. 그래서 동전기를 그냥 전기라고 불러요. 우리가 집에서 흔히 쓰는 전기가 바로 동전기예요.

전기가 어떻게 흐를 수 있는지 물을 예로 들어 설명해 볼게요.

원기둥 모양의 그릇 두 개가 있어요. 한 그릇에는 물을 가득 채우고 다른 그릇은 비워 두었지요. 두 그릇의 아래쪽 같은 높이에 작은 구멍을 뚫고 빨대로 이었어요. 그러면 물이 가득한 그릇에서 빈 그릇으로 흐르기 시작해요. 이때 그릇에 가득한 물은 정전기이고, 빨대 속에서 흐르는 물은 동전기, 즉 전기라고 할 수 있어요.

음전하를 띤 물체와 전하를 띠지 않은 물체가 있다고 할 때, 두 물체를 구리선으로 이으면 음전하가 구리선을 따라 이동해요. 구리선을 따라 전기가 흐르는 거예요. 이 같은 전기의 흐름을 '전류'라고 불러요. 전하와 전기와 전류라는 단어가 자꾸 헷갈린다고요? 뜻은 조금씩 다르지만 보통 섞어서 쓰기도 하니까 크게 걱정할 필요는 없어요.

과학자들은 전기 에너지를 우리 생활에 필요한 여러 가지 에너지로 바꾸는 많은 장치를 만들어 냈어요. 모터는 전기 에너지를 회전하는 운동 에너지로 바꿔 주는 장치예요. 선풍기, 세탁기, 엘리베이터, 냉장고, 청소기, 컴퓨터는 물론 제습기까지 우리 주변에 모터가 쓰이지 않는 곳이 없을 정도예요. 최근에는 전기 자동차까지 등장하고 있어요.

전기난로와 온풍기, 전기다리미 같은 장치는 전기 에너지를 열 에너

지로 바꿔 주는 장치예요. 스피커는 전기 에너지를 소리로 바꿔 주는 장치고요. 또 LED는 전기 에너지를 빛으로 바꿔 주지요. 소리와 빛이 모두 에너지라는 것은 이미 알고 있겠지요?

　전기가 없다고 생각해 보세요. 우리 생활은 당장 멈춰 버리고 말 거예요. 아침에 나를 깨워 주던 알람 시계도 멈추고, 음악도 들을 수 없고, 학교에서는 수업을 알리는 벨 소리도 울리지 않을 테고, 지하철도 운행하지 못하지요. 새삼 전기의 고마움을 깨닫게 되네요. 전기로 돌아가는 이 세상은 바로 탈레스의 위대한 발견으로부터 시작된 거예요.

천둥과 번개는
소리 에너지와 빛 에너지

1752년 6월 15일 미국의 필라델피아에서 한 남자가 연을 날리고 있었어요. 하늘은 폭풍우가 몰려올 것처럼 우중충하고 금세라도 번개가 내리칠 것처럼 불안했어요. 이런 날씨에 누가 이런 엉뚱한 행동을 하고 있는 것일까요? 그 사람은 미국의 유명한 과학자 벤저민 프랭클린이었어요.

"아니, 저게 누구야? 프랭클린 씨 아닌가? 날씨도 안 좋은데 도대체 뭘 하고 있는 거지?"

"갑자기 번개라도 내리치면 어떡하려고 저러는 걸까요? 정말 걱정스럽네요."

비가 올까 봐 종종걸음으로 걸어가던 동네 주민 몇몇이 언덕 위의 프랭클린을 발견하고 이렇게 중얼거렸어요.

하지만 프랭클린은 오히려 번개를 기다리고 있었어요. 연을 이용해 번개를 사로잡아 그 정체를 밝히려는 것이었지요.

그때까지 사람들은 번개가 어떤 현상인지 잘 몰랐어요. 아주 오래 전 사람들은 번개가 신이 노해 땅으로 내던지는 불꽃이라고 두려워했지만 프랭클린을 비롯한 몇몇 과학자들은 번개도 전기 현상일 것이라고 생각하기 시작했어요.

질긴 명주실에 이어진 연은 구름에 닿을 듯 하늘 높이 올라갔어요. 연줄 끝에는 금속 열쇠 하나가 대롱대롱 매달려 있었지요. 구름 속에서 희미한 불빛이 번쩍거리기 시작했어요. 그러자 연줄 끝의 보푸라기가 쭈뼛하게 서고 금속 열쇠에서는 작은 불꽃이 튀었지요. 프랭클린은 미리 준비한 유리병을 금속 열쇠에 대었어요.

프랭클린의 발견

과학자들은 이 유리병을 라이덴병이라고 불러요. 네덜란드 라이덴 대학의 한 과학자가 맨 처음 만들었거든요. 라이덴병은 유리병과 금속으로 된 얇은 막으로 이루어진, 간단하면서도 중요한 실험 장치였어요. 정전기를 담을 수 있었거든요. 그때 과학자들은 라이덴병을 이용해 전기에 관한 여러 가지 성질을 밝히고 있었어요. 그래서 프랭클린도 라이덴병을 준비했던 거예요.

프랭클린은 라이덴병을 유심히 관찰했어요. 라이덴병의 상태는 정전기를 담았을 때와 같았어요. 그것은 번개가 전기 현상이라는 뜻이었지요. 프랭클린의 번개 실험 이후 번개의 정체는 더욱 자세히 알려졌어요.

구름은 작은 얼음 알갱이가 수없이 모여 이루어진 덩어리예요. 구름 속의 얼음 알갱이는 세찬 바람에 소용돌이치며 서로 심하게 부딪쳐요. 그러면 얼음 알갱이 속의 전하가 이동하면서 구름은 전하를 잔뜩 머금어요. 호박을 털가죽에 문질렀을 때와 비슷한 현상이 나타나는 거지요.

구름 속의 전기는 정전기예요. 따라서 구름 속에 괴어 있지요. 정전기를 잔뜩 머금은 구름과 구름이 가까이 다가가면 아주 놀라운 현상이 나타나요. 엄청난 양의 정전기가 구름 사이를 순식간에 이동하는 거예요. 물체에 괴어 있던 정전기가 한꺼번에 터져 나오는 이런 현상을 '방전'이라고 해요.

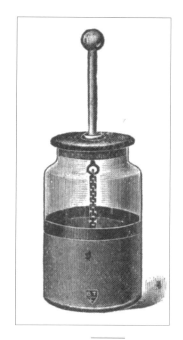

라이덴병

추운 겨울 캄캄한 방 안에서 스웨터를 벗을 때 타닥타닥하고 불꽃이 튀는 것을 경험해 본 적이 있나요? 이 불꽃은 스웨터에 괴어 있던 정전기가 방전하면서 생기는 빛이에요. 이처럼 구름과 구름 사이에서 방전이 일어날 때에도 불꽃이 튀어요. 기다란 빛줄기로 보이는 불꽃이 바로 번개고요. 번개는 땅으로 내리치기도 하는데 이것을 벼락이라고 하지요.

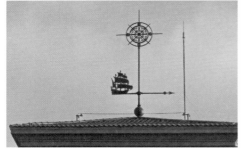

번개(위)
피뢰침(아래)

번개가 치면 잠시 후 큰 소리가 들려요. 그 소리는 왜 들리는 걸까요? 번개가 치면 주변의 공기는 순식간에 뜨겁게 달아오르며 팽창해요. 신전 제단의 화로에 불을 붙였을 때 공기가 부푸는 것처럼 말이에요. 물론 번갯불은 화롯불과 비교되지 않을 만큼 규모가 크고 뜨거워요. 그래서 폭탄이 터질 때처럼 엄청난 소리를 내지요. 그 소리가 바로 천둥이에요.

천둥과 번개는 거의 동시에 생겨요. 하지만 천둥은 소리의 속도로 이동하고 번개는 빛의 속도로 이동하기 때문에 번갯불이 번쩍 하고 나서 조금 뒤에 천둥소리가 들리는 거예요.

천둥소리와 번갯불을 만든 것은 구름 속에 숨어 있던 전기 에너지예요. 다시 말해 소리와 빛은 모두 전기 에너지가 바뀌어 만들어진 에너지인 거예요. 에너지는 다른 에너지로 바뀔 수 있다고 했죠? 그렇다면 소리나 빛도 다른 에너지로 바뀔 수 있다는 걸까요? 물론이지요.

앞에서 스피커는 전기 에너지를 소리 에너지로 바꿔 주는 장치라고 했어요. 마이크는 스피커와 반대로 소리 에너지를 전기 에너지로 바꿔 주는 장치예요. 또 LED는 전기 에너지를 빛 에너지로 바꿔 주는 장치인 반면 광전지는 빛 에너지를 전기 에너지로 바꿔 주는 장치지요.

그날 프랭클린은 아주 운이 좋았던 거예요. 번개 치는 날 연을 날리다가는 감전으로 목숨을 잃을 수도 있거든요. 고압 전선에 연줄이 걸려 감전을 당할 때처럼 말이에요. 프랭클린은 번개를 연구하던 중 피뢰침을 고안해 냈어요. 피뢰침은 건물 꼭대기에 설치하는 끝이 뾰족한 금속 막대예요. 피뢰침은 전선으로 이어져 있고 전선의 끝은 땅에 묻혀 있어요.

벼락은 피뢰침처럼 높고 끝이 뾰족한 금속에 잘 떨어져요. 피뢰침에 떨어진 벼락은 전선을 통해 땅속으로 사라지지요. 건물에 떨어질 벼락을 피뢰침이 대신 맞아 주는 거예요. 그러니 피뢰침이 있는 건물에서는 벼락 맞을 걱정은 안 해도 되지요.

전기 에너지의 둘도 없는 짝꿍,
자기 에너지

전기와 자기는 비슷하기도 하고 다르기도 해요. 자기도 전기와 비슷하게 두 종류가 있어요. 바로 N극과 S극이에요. 자기도 전기처럼 같은 극 사이에는 서로 밀어내는 힘이 작용하고 다른 극 사이에는 서로 끌어당기는 힘이 작용하지요. N극과 N극 또는 S극과 S극은 서로 밀어내고, N극과 S극은 서로 끌어당겨요.

　자기 현상은 전기 현상보다 훨씬 전부터 알려져 왔어요. 자석이 철을 끌어당기는 것이 자기 현상의 하나예요. 자석의 N극과 S극이 각각 북쪽과 남쪽을 가리키는 것도 자기 현상이고요. 이 현상을 이용해 만든 것이 나침반이지요. 한스 크리스티안 외르스테드라는 덴마크의 과학자가 놀라운 사실을 밝혀낼 때까지 사람들은 오랫동안 자기와 전기를 각각 다른 것이라고 생각했어요.

1820년에 외르스테드는 전선에 전류를 흘려보내는 실험을 하고 있었어요. 그런데 전선에 전류가 흐를 때마다 그 옆에 놓여 있던 나침반의 바늘이 움직였어요.

"이상하네. 혹시 전기가 자기에 영향을 주는 것은 아닐까?"

이렇게 생각하고 연구를 거듭한 외르스테드는 전류가 흐르면 전선이 자석의 성질을 갖게 된다고 결론지었어요. 전자석은 바로 전기의 이런 성질을 이용해 만든 자석이에요.

외르스테드

전기 에너지를 자기 에너지로

자석이 가지고 있는 에너지를 자기 에너지라고 해요. 전자석은 전기 에너지를 자기 에너지로 바꾸는 장치인 셈이죠. 전자석은 일반 자석보다 쓸모가 많아요. 자석보다 훨씬 세게 만들 수 있고 전류의 세기를 조절하면서 전자석의 세기를 바꿀 수도 있거든요. 더 나아가 전류의 방향을 바꾸어 전자석의 극을 쉽게 바꿀 수도 있고, 스위치를 작동해 전자석을 켜거나 끌 수도 있어요.

무거운 고철을 옮길 때 쓰는 기중기에는 커다란 집게손이 매달려 있어요. 이 집게손으로 고철을 꽉 잡고 들어 올리지요. 그런데 집게손

전자석 기중기

대신 자석을 이용할 수 있어요. 물론 그때 쓰는 자석은 일반 자석이 아니라 전자석이에요. 일반 자석은 한번 달라붙은 고철을 쉽게 뗄 수 없으니까요.

전자석 기중기는 힘이 아주 세기 때문에 자동차도 끌어올릴 수 있고 다른 곳으로 이동한 후에 스위치를 끄면 전자석의 힘이 사라지기 때문에 쉽게 내려놓을 수 있지요. 전자석 기중기는 전기 에너지를 자기 에너지로 바꾸면서 무거운 물체를 들어 올리거나 옮기는 일을 하는 장치인 셈이에요.

한 가지 기술은 다른 새로운 기술의 바탕이 되기도 해요. 전자석의 발명으로 사람들은 전기 에너지를 자기 에너지로 바꿀 수 있게 되었어요. 더 나아가 1821년 마이클 패러데이라는 영국의 과학자는 전자석을 바탕으로 전기 에너지를 운동 에너지로 바꾸는 장치를 만들었어요. 이 장치가 바로 전기 모터예요.

전기 모터는 회전축을 이루는 전자석과 회전축을 감싸고 있는 일반 자석으로 이루어져 있어요. 전류가 흐르면 전자석은 회전축을 중심으로 빙글빙글 돌아요. 전자석과 자석 사이에 밀어내고 끌어당기는 힘이 작용하기 때문이에요. 전자석이 도는 중에 전자석의 N극과 자석의 S극이 서로 끌어당길 수도 있지 않을까요? 전자석이 돌 때마다 전자석

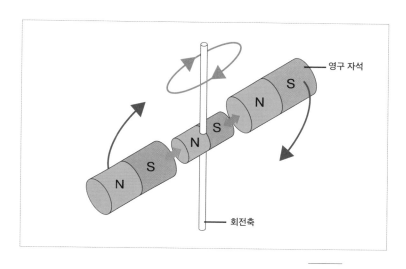

영구 자석

회전축

전기 모터의 원리

의 극은 계속 바뀌어요. 그래서 전자석이 끊임없이 돌 수 있는 거예요.

패러데이의 연구는 전기 모터에서 그치지 않았어요. 모터는 전기 에너지를 운동 에너지로 바꾸는 장치예요. 패러데이는 전기 모터와 반대로 운동 에너지를 전기 에너지로 바꾸는 장치도 만들었어요. 그 장치가 바로 발전기예요. 발전기의 원리는 전기 모터와 반대예요. 전자석이나 자석을 돌리면 전자석을 감싸고 있는 전선에 전류가 흐르거든요. 발전소에서는 이 발전기를 이용해 전기를 만들지요.

2장 에너지의 여러 가지 모습

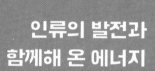

인류의 발전과
함께해 온 에너지

모든 생물은
에너지 순환 장치

남아메리카 대륙의 서해안에서 약 1,000킬로미터 떨어진 곳에는 19개
의 화산섬과 수많은 암초들이 옹기종기 모여 있어요. 바로 갈라파고
스 제도예요. 이곳은 영국의 과학자 찰스 다윈이 1835년에 비글호라
는 탐사선을 타고 방문했던 곳이기도 하지요. 다윈은 이곳에서 발견한
여러 종류의 생물들을 연구해 '진화론'이라는 유명한 이론을 남겼어
요. 갈라파고스 제도에는 육지에서 볼 수 없는 생물들이 아주 많이 살
고 있어요. 특히 바다이구아나는 이곳에서만 볼 수 있는 동물이에요.

　이구아나는 남아메리카 대륙에 사는 몸길이가 어른 키 비슷한 커다
란 도마뱀이에요. 주로 강가의 풀숲에서 새싹이나 열매를 먹고 살아
요. 이구아나는 무엇인가에 놀라면 강물 속으로 뛰어들어 숨기도 하지
요. 하지만 바닷속에서 헤엄치며 살아가는 이구아나는 갈라파고스 제

도의 바다이구아나밖에 없어요.

바다이구아나는 일광욕을 아주 좋아해요. 갈라파고스 제도의 여러 섬의 바닷가에서는 바위에 엎드린 채 햇볕을 쬐는 바다이구아나 무리를 흔하게 볼 수 있어요. 바다이구아나는 어째서 시원한 그늘을 마다하고 적도의 뜨거운 바닷가에서 햇볕을 쬐고 있는 것일까요?

바다이구아나 같은 파충류는 체온이 주변 온도에 따라 조금씩 변해요. 추운 곳에서는 체온이 낮아지고 따뜻한 곳에서는 높아지지요. 이런 동물을 '변온 동물'이라고 해요. 체온이 변하기 때문에 언제나 몸을 활발하게 움직일 수 있는 것은 아니에요. 체온이 너무 낮으면 몸의 기능이 떨어져서 제대로 움직일 수도 없거든요.

바다이구아나가 어떻게 체온을 유지하며 살아가는지 바다이구아나의 생활을 살펴보며 알아보기로 해요.

바다이구아나의 먹이는 바닷속 바위에 붙어 있는 해초예요. 날카로운 발톱으로 바위를 움켜쥘 수 있어서 물살에 휩쓸리지 않고 해초를 뜯어먹을 수 있지요. 해초를 배불리 뜯어먹는 동안 바다이구아나의 몸은 점점 둔해져요. 바닷물의 온도는 바다이구아나의 체온보다 낮거든요. 아무리 배가 불러도 체온이 낮으면 몸의 기능이 떨어지기 때문에 소화를 제대로 시킬 수 없어요. 그래서 바닷가 바위로 기어 올라와 햇볕을 쬐며 체온을 높이는 거예요. 햇볕을 쬐는 동안 몸이 다시 가뿐해지지요. 먹이도 충분히 소화시킬 수 있게 되었고요. 그러면 바다이구아나는 가벼운 몸놀림으로 다시 해초를 뜯으러 바닷속으로 들어가지요.

변온 동물과 정온 동물

바다이구아나를 비롯한 모든 동물은 먹어야 살 수 있어요. 먹이는 소화 과정을 거쳐 화학 에너지로 몸속에 저장되지요. 몸속의 화학 에너지는 여러 가지 일을 해요. 근육을 움직이기도 하고, 열을 내 체온을 유지하기도 하고요. 우리 몸은 몸속의 화학 에너지를 근육의 운동 에너지나 열 에너지로 바꾸어 쓰는 거예요.

바닷속에서 체온이 낮아졌을 때 몸속의 화학 에너지로 체온을 높일 수는 없을까요? 물론 그것도 가능해요. 하지만 햇볕을 쬐면 체온을 훨씬 더 빠르게 높일 수 있어요. 그것도 공짜로 말이에요. 바다이구아나 같은 변온 동물은 햇볕과 같은 자연의 에너지를 이용하는 능력이 뛰어나요.

햇볕을 너무 많이 쬐어 체온이 높아지면 어떻게 할까요? 바다이구아나는 바위나 나무 그늘 속에서 몸을 식혀요. 바다이구아나는 몸의 색을 바꿀 수도 있는데 체온이 높으면 몸의 색깔을 밝은 색으로, 체온이 낮으면 어두운 색으로 바꿔요. 밝은 색은 햇볕을 잘 반사하고, 어두운 색은 햇볕을 잘 흡수하거든요.

바다이구아나와 달리 사람은 체온이 늘 일정한 '정온 동물'이에요. 변온

바다이구아나

74

동물은 추운 곳에서는 체온이 낮아지기 때문에 살지 못하지만 정온 동물은 몸에서 내는 열을 이용해 체온을 유지할 수 있기 때문에 어느 정도 추운 곳에서도 살 수 있어요. 사람이라면 아주 두툼한 옷을 입어야 하지요. 물론 정온 동물도 아주 추운 곳에서는 얼어 죽을 수밖에 없어요. 따뜻한 곳에서 햇볕을 쬐어야 해요.

생물은 음식을 먹고 소화를 시키면서 화학 에너지를 몸속에 저장해요. 또 그 화학 에너지를 운동 에너지로 바꾸어 몸을 움직일 수도 있고, 열 에너지로 바꾸어 체온을 유지할 수도 있어요. 눈에 보이지도 않는 박테리아부터 커다란 고래에 이르기까지 모든 생물은 에너지를 얻고 쓰며 살아가는 에너지 순환 장치나 마찬가지예요.

에너지의 이용과
문명의 발전

모든 생물은 에너지를 이용하며 살아가요. 생물이 살아가는 데 필요한 에너지는 대부분 음식을 통해 얻지요. 물론 햇볕이나 바람 같은 자연의 에너지도 생물에게는 아주 중요해요. 변온 동물은 햇볕으로 체온을 유지하고, 많은 식물은 햇빛을 이용해 양분을 만들거든요. 동물은 태양의 열 에너지를 이용하고 식물은 태양의 빛 에너지를 이용해요. 또 철새들은 바람 에너지를 이용해 먼 곳까지 날아가지요.

　오랜 옛날에는 사람도 동물과 비슷하게 살았어요. 하지만 언제부터인가 사람은 동물과 달리 지혜로운 삶을 살게 되었지요. 자연을 자신의 삶에 이롭도록 이용하면서 '문명'을 이루게 된 거죠. 사람은 불을 발견하고 다루면서 문명의 큰 걸음을 내디뎠어요.

　불은 나무 같은 연료가 열과 빛을 내며 타는 현상이에요. 화로에 불을 붙여 신전의 자동문을 열었던 이야기를 다시 떠올려 보세요. 연료는 화학 에너지를 가지고 있어서 불이 붙으면 열 에너지와 빛 에너지로 바뀌어요. 그래서 주변이 따뜻해지고 환해지지요.

불의 사용이 가져온 변화

불을 다룰 수 있다는 것은 열 에너지와 빛 에너지를 이용할 수 있다는 뜻이에요. 불을 발견하기 전에는 음식을 날것으로 먹을 수밖에 없었어요. 또 밤에는 캄캄한 동굴 속에서 추위와 두려움에 떨어야 했지요. 하지만 불을 다룰 수 있게 되면서 많은 것이 달라졌어요. 활활 타오르는 모닥불 덕분에 음식도 익혀 먹을 수 있게 되었어요. 익힌 음식은 날것보다 훨씬 맛있고 소화도 잘되었어요. 사람들은 풍부한 영양을 섭취해 더 건강해졌지요.

동굴 안은 따뜻해졌고 늦은 밤까지도 모닥불의 불빛은 캄캄한 동굴 안을 환하게 비춰 주었어요. 사람들은 밤에도 여러 가지 활동을 할 수 있었어요. 낮에 사냥하면서 겪은 이야기도 나누고, 동굴 벽에 멋진 그림도 그렸지요. 불만 있으면 좀 추운 곳에서도 그럭저럭 살 수 있었어요. 우리 조상들이 눈과 얼음으로 덮인 빙하기를 견뎌 낼 수 있었던 것도 모두 불을 다룰 수 있었기 때문이에요.

사람이 불을 이용하기 시작한 것은 지금으로부터 190만 년 전쯤이라고 해요. 처음에는 벼락이나 화산 폭발 같은 자연재해로 일어난 산불의 불씨를 이용했어요. 그 후에는 나무를 마찰시킬 때 나오는 뜨거

운 열로 불씨를 얻거나 부싯돌로 불씨를 만들기도 했어요. 나무를 마찰시키거나 부싯돌을 부딪칠 때 생기는 운동 에너지를 열 에너지로 바꾼 거예요.

불에 잘 타는 물질을 연료라고 해요. 옛날 사람들이 맨 처음 쓴 연료는 마른풀이나 나뭇가지였을 거예요. 시간이 흐르면서 짐승의 마른 똥을 연료로 쓰기도 했어요. 아프리카의 원주민들은 지금도 바싹 마른 소똥을 연료로 쓴다고 해요.

약 4,000년 전, 중국 사람들은 석탄을 쓰기 시작했어요. 석탄은 주로 열 에너지를 얻는 연료였지요. 약 2,000년 전에는 사람들이 석유를 쓰기 시작했어요. 석유는 주로 빛 에너지를 얻는 연료였어요. 석유 등잔에 불을 붙이면 어둠을 환하게 밝혀 주었어요.

문명이 발전하면서 사람들은 자연에서 더 많은 에너지를 얻었고 운동 에너지도 얻을 수 있게 되었어요. 약 1,800년 전에는 유럽 사람들이 물레방아라고 불리는 수차를 만들었어요. 물레방아는 아래쪽이 계곡에서 흘러내리는 물줄기에 잠겨 있어서 물이 흐르는 힘으로 물레방아를 돌렸어요.

앞에서 소개한 물레방아는 홈통에서 떨어지는 물을 이용해 물레바퀴를 돌렸어요. 다시 말해 물의 중력 에너지를 물레바퀴의 운동 에너지로 바꾼 거예요. 하지만 유럽 사람들이 만든 물레방아는 물의 운동 에너지를 물레바퀴의 운동 에너지로 바꾸는 장치였어요.

물이 가진 에너지를 수력 에너지라고도 해요. 수력이란 물이 가진 힘이라는 뜻이지요. 또 바람이 가진 에너지를 풍력 에너지라고 해요. 풍

풍차

력 에너지는 수력 에너지보다 훨씬 나중에 이용할 수 있게 되었어요. 약 1,000년 전, 페르시아 사람들이 바람의 에너지를 이용해 풍차라고 불리는 장치를 만들었거든요.

요즘 풍차는 커다란 바람개비처럼 생겼어요. 하지만 페르시아 사람들이 만든 풍차는 범선의 돛과 비슷해요. 축을 이루는 기둥의 양쪽에 한 쌍의 날개가 달려 있어 바람이 불면 날개에 바람이 부딪치고, 그 힘으로 기둥이 빙글빙글 돌아갔어요.

불을 다루고 물과 바람이 가진 에너지를 쓰면서 수천 년이 지났어요. 그동안 사람들은 농사를 짓고 마을을 이루고 나라를 세웠으며 자기들이 살던 곳을 떠나 새로운 곳을 탐험했어요. 식량 생산이 많아지면서 인구도 크게 늘었지요. 문명은 눈부시게 발전했고요. 미국의 인류학자 레슬리 화이트는 문명과 에너지에 대해 이렇게 말했어요.

"문명은 사람들이 쓸 수 있는 에너지의 양이 많아질수록 더욱 발전한다."

산업 혁명을 이끈
와트의 증기 기관

옛날 사람들에게 가장 필요한 에너지는 운동 에너지였어요. 밭을 갈고 곡식을 나르고 방아를 찧는 일은 모두 사람의 몫이었으니까요.

"어떻게 하면 더 많은 일을 빠르게 할 수 있을까?"

사람들은 고민을 계속했어요. 그러다가 가축이나 물과 바람 같은 자연에게 일을 시키게 되었어요. 동물이나 자연으로부터 운동 에너지를 얻었던 거예요. 특히 동물을 이용하면서 사람들의 고단함은 크게 줄었지요. 무거운 짐은 말이나 소에게 실어 운반했고 밭을 경작할 때는 소를 활용했지요. 하지만 이것이 끝은 아니었어요.

미국에서 벤저민 프랭클린이 번개의 정체를 밝혀내고 있을 무렵, 유럽의 제임스 와트라는 기술자는 증기 기관이라는 놀라운 장치를 만들고 있었거든요. 흔히 '엔진'이라고 불리는 기관은 석탄이나 석유 같은 화학 에너지를 운동 에너지로 바꾸는 장치예요. 증기 기관은 증기의 힘으로 움직이는 엔진이지요.

증기 기관의 원리는 아주 오래전부터 알려져 있었어요. 무려 2,000년 전에 이미 증기의 힘으로 작동하는 장난감을 만든 사람이 있었거든요. 그 사람이 바로 신전의 자동문을 만들었던 헤론이에요.

물을 끓이면 기체로 바뀌는데 이 기체를 수증기 또는 증기라고 해요. 물이 증기로 바뀔 때 부피는 약 1,600배나 늘어나요. 따라서 뜨거운 수증기의 압력은 아주 높지요. 헤론은 이 현상을 이용해 아주 재미있는 장난감을 만들었어요.

헤론의 공

우선, 뚜껑에 두 개의 관이 기둥처럼 서 있고, 그 기둥에 금속 공이 걸려 있는 금속 그릇을 만들었어요. 속이 텅 빈 금속 공에는 기역자 모양으로 구부러진 두 개의 관이 꽂혀 있었어요. 헤론은 금속 그릇에 물을 반쯤 채우고 불을 피웠어요. 잠시 후 금속 공에 꽂힌 두 개의 관에서 뜨거운 증기가 뿜어져 나왔지요. 금속 공은 빙글빙글 돌기 시작했어요.

'헤론의 공'이라고 불리는 이 장난감의 작동 원리는 아주 간단해요. 증기가 뿜어져 나올 때 그 반발력으로 금속 공이 도는 것이지요. 마치 불을 뿜고 날아가는 로켓처럼 말이에요. 헤론의 공에는 어떤 에너지가 어떻게 쓰였을까요?

불을 피우면 연료의 화학 에너지가 열 에너지로 바뀌어요. 물이 끓으면 이번에는 열 에너지가 수증기의 운동 에너지로 바뀌지요. 또 이 수증기의 운동 에너지는 금속 공의 운동 에너지로 바뀌어요. 다시 말해 헤론의 공은 연료의 화학 에너지를 금속 공을 회전시키는 운동 에너지로 바꾸는 장치인 셈이에요.

헤론의 공

헤론의 공은 아주 훌륭한 증기 기관이에요. 이 증기 기관을 마차의 바퀴에 연결하면 소나 말 같은 가축 없이도 달릴 수 있고 물레방아나 풍차에 연결하면 물이나 바람 없이도 방아를 찧을 수 있지요. 하지만 헤론의 공은 장난감 수준을 벗어나지 못했어요. 산업 현장에서 일을 할 수 있는 증기 기관이 등장한 것은 헤론이 죽고 나서 1,700년쯤이나 지난 후였어요.

1769년의 어느 날, 영국의 한 석탄 광산에서 역사적 사건이 일어났어요. 와트의 증기 기관이 성공적으로 작동한 거예요. 증기 기관에서 가장 중요한 부분은 실린더와 피스톤이에요. 뜨거운 수증기가 실린더 안에 채워질 때마다 피스톤을 밀어내요. 그러면 피스톤에 연결된 크랭크는 피스톤의 왕복 운동을 회전 운동으로 바꾸지요.

와트의 증기 기관은 맨 처음 탄광 갱도에 괸 지하수를 뽑아내는 펌

말 대신 증기 기관으로 움직이는 마차

프의 엔진으로 이용되었지만 점점 널리 쓰였어요. 소나 말을 밀어내고 마차의 바퀴를 돌리기도 했고, 증기 기관차와 증기선도 등장하게 만들었어요.

증기 기관은 공장에서도 큰 역할을 맡았어요. 실을 뽑고 옷감을 짜는 방적기와 방직기로 훨씬 더 많은 양의 실과 옷감을 만들 수 있게 했어요.

증기 기관 덕분에 공장에서는 더 많은 물건을 만들 수 있게 되었어요. 밤낮을 가리지 않고 계속 기계를 돌릴 수 있었거든요. 기계는 연료만 공급해 주면 사람들처럼 피곤해하지도 않았고 쉴 필요도 없었어요. 덕분에 공장마다 물건이 그득하게 쌓였고, 그 물건은 증기 기관차와 증기선에 실려 세계로 팔려 나갔지요. 사람들의 생활은 물레방아나 풍차를 돌렸을 때와 비교할 수 없을 만큼 풍요로워졌어요. 이런 산업의 발전을 산업 혁명이라고 부르지요.

석유를 태워 운동 에너지를 얻는 내연 기관

좋은 에너지를 얻었어도 그 에너지를 쓸 수 있는 장치가 없으면 소용 없어요. 석탄이 연료로 사용된 것은 약 4,000년 전부터였어요. 하지만 증기 기관이 등장할 때까지 석탄은 주로 열 에너지를 얻는 데 쓰였을 뿐이에요. 석유도 마찬가지예요. 석유를 이용하는 멋진 장치가 나타날 때까지는 그저 석탄보다 질 좋고 편리한 연료에 지나지 않았어요. 석 유를 이용하는 멋진 장치가 무엇이냐고요? 그건 바로 내연 기관이라 고 불리는 엔진이에요.

내연 기관도 증기 기관처럼 실린더와 피스톤을 갖추고 있어요. 증 기 기관에서는 석탄을 실린더 밖에서 태워요. 하지만 내연 기관에서 는 석유를 실린더 안에서 태우지요. 내연이란 실린더 안에서 연료를 태운다는 뜻이에요.

물질이 타는 현상을 '연소'라고 해요. 증기 기관에서 석탄을 태우는 것이 바로 연소예요. 하지만 내연 기관에서 석유를 태운다고 할 때에는 연소와 조금 달라요. 연소보다는 폭발이라고 하는 편이 더 정확하지요. 사실 폭발도 연소의 한 종류예요. 물질이 순식간에 연소하는 현상을 폭발이라고 하거든요.

내연 기관의 실린더 안에서 석유를 폭발시키려면 먼저 석유를 기체 상태로 만든 다음 불꽃을 튀기면 기체 상태의 석유가 폭발하면서 엄청난 압력이 생겨요. 그 결과 피스톤이 밀려나면서 왕복 운동을 하게 되지요. 그러면 피스톤에 연결된 크랭크는 피스톤의 왕복 운동을 회전 운동으로 바꿔요.

휘발유와 경유

석유를 연료로 쓰는 내연 기관은 석탄을 연료로 쓰는 증기 기관에 비해 좋은 점이 많았어요. 적은 양으로도 큰 힘을 낼 수 있고 엔진의 크기도 줄일 수 있었거든요. 내연 기관은 증기 기관을 점차 밀어내면서 공장의 동력원으로 쓰였어요. 기관차와 선박의 엔진도 내연 기관으로 바뀌었지요. 자동차는 작고 힘센 내연 기관을 달고 더 빠르게 달렸어요.

증기 기관으로 만들 수 없는 운송 수단도 내연 기관을 달고 나타났어요. 그중 하나가 바로 비행기예요. 또 자전거에 엔진을 단 운송 수단도 나타났지요. 바로 오토바이예요. 우리 주변의 자동차는 대부분 휘발유나 경유를 연료로 써요. 또 LPG(liquefied petroleum gas), 즉 액화 석유 가스를 연료로 쓰는 자동차도 있지요. 휘발유와 경유는 무엇이고, 또 LPG는 무엇일까요?

땅속에서 뽑아낸 석유를 원유라고 해요. 원유에는 여러 가지 물질이 섞여 있어요. 원유에서 여러 가지 물질을 뽑아내는 과정을 '정유'라고 해요. 정유 방법은 아주 간단해요. 온도를 조금씩 높이면 그때마다 다른 성분이 증발하거든요.

원유를 데우면 가장 먼저 원유에 녹아 있던 기체 성분이 증발해요. 이 기체 성분을 압축시켜 액체로 만든 것이 바로 LPG예요. 원유의 온도를 조금 더 높이면 휘발유라고 불리는 성분이 증발해요. 휘발유는 평소 액체 상태를 유지하지만 쉽게 증발하는 성질을 가지고 있어요. 휘발유를 흔히 가솔린이라고도 하고, 가솔린을 연료로 쓰는 엔진을 가솔린 엔진이라고 해요.

원유의 온도를 더 높이면 등유와 경유를 차례로 얻을 수 있어요. 등유는 난방 연료로 많이 쓰이고, 경유는 엔진의 연료로 많이 쓰여요. 경유를 연료로 쓰는 엔진을 디젤 엔진이라고 하는데 디젤 자동차는 디젤 엔진으로 달리는 자동차랍니다.

정유 공장

87

전기 에너지가 연 정보 시대

1825년 2월, 미국의 화가 새뮤얼 모스는 가족과 떨어져 워싱턴에서 초상화 작업을 하고 있었어요. 어느 날 아버지로부터 편지 한 통이 배달되었어요. 모스의 부인이 병으로 세상을 떠났다는 소식이었지요. 모스는 부리나케 뉴헤븐 시에 있는 집으로 달려갔어요. 그러나 모스가 도착했을 때에는 이미 부인의 장례식까지 모두 끝난 후였지요.

사랑하는 부인의 마지막 모습도 보지 못한 채 떠나보낸 모스의 마음은 찢어질 듯 아팠어요. 부인의 사망 소식을 좀 더 빨리 받아 볼 수 있었다면 장례식 전에라도 도착할 수 있었을 거예요. 하지만 어쩔 수 없었어요. 그때는 편지를 우편 마차로 배달했는데 무려 나흘이나 걸렸거든요. 그 후 모스는 소식을 빠르게 전할 수 있는 수단을 개발하겠다고 다짐했어요.

모스 부호의 발명

어떤 사건에 대한 소식이나 자료를 정보라고 해요. 또 소식을 전달하는 것을 통신이라고 하지요. 우리가 살아가는 데 정보와 통신은 아주 중요해요. 어디에서 무슨 일이 어떻게 일어났는지 알아야 빨리 대처할 수 있거든요. 최근에는 폭우 예보나 지진 발생, 쓰나미 경보 등이 휴대 전화를 통해 거의 실시간으로 우리에게 전해져요. 하지만 과거에는 그럴 수가 없었지요.

옛날 사람도 여러 가지 방법으로 정보를 전달하기는 했어요. 가까운 곳에는 북을 쳐서 전달했고 캄캄한 밤에는 횃불로 정보를 알렸어요. 또 비둘기 다리에 쪽지를 매달아 소식을 전하기도 했어요.

이렇게 정보를 전달하는 데에도 에너지가 필요해요. 북은 소리 에너지로 전달하는 것이고, 횃불은 빛 에너지로 전달하는 거예요. 또 비둘기는 동물의 운동 에너지로 전달하는 통신 수단이지요.

벤저민 프랭클린이 번개 실험을 통해 전기의 성질을 밝히고 나서부터 과학자들은 전기로 정보를 전달하는 방법을 찾기 시작했어요. 다시 말해 전기 에너지로 정보를 전달하는 통신 수단, 즉 전신기를 만들려는 것이었지요.

전신기의 원리는 아주 간단해요. 전신기에서 신호를 보내는 부분, 즉 송신기는 스위치예요. 신호를 받는 부분, 즉 수신기는 전자석이지요. 먼 곳에 떨어져 있는 송신기와 수신기를 전선으로 이어 놓은 장치가 전신기예요. 스위치를 누르면 전선에 전류가 흐르고 전자석이 작동해요. 스위치를 떼면 전선에 전류가 끊기고 전자석은 작동을 멈추

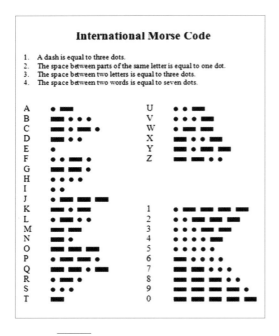

International Morse Code

1. A dash is equal to three dots.
2. The space between parts of the same letter is equal to one dot.
3. The space between two letters is equal to three dots.
4. The space between two words is equal to seven dots.

국제 모스 부호

지요.

모스는 송신기의 스위치를 길게 누르거나 짧게 누르면 다양한 신호를 보낼 수 있겠다고 생각했어요. 그래서 길고 짧음을 선과 점으로 나타내고, 몇 개의 선과 점을 조합해 전신 부호를 만들었어요. 또 각각의 전신 부호에 알파벳 문자 하나씩을 할당했어요. 이 전신 부호를 '모스 부호'라고 해요. 모스는 10여 년의 연구 끝에 전신기 개발에 성공했어요. 그리고 1844년 5월 24일, 워싱턴 시와 볼티모어 시를 잇는 전신기 회선을 정식으로 설치했지요. 이 전신기로 전달된 첫 메시지는 '하느님이 하신 놀라운 일을 보라.'(민수기 23:23)라는 성경 구절이었어요. 이로써 전기 에너지로 정보를 전달하는 새로운 시대가 시작된 거예요.

사람들은 오랜 세월 동안 여러 가지 에너지를 써 왔어요. 문명이 발전하면서 에너지의 종류도 다양해지고 양도 많아졌지요. 옛날 사람들에게 가장 필요한 에너지는 운동 에너지였고 이를 자신의 몸이나 가축

천장형 선풍기

에서 얻었어요.

시간이 흘러 물레방아나 풍차 같은 장치가 발명되면서 더 많은 운동 에너지를 얻을 수 있게 되었어요. 물이나 바람 같은 자연 에너지를 손쉽게 운동 에너지로 바꿀 수 있었으니까요. 또 증기 기관은 산업 혁명을 이끌었으며, 내연 기관은 자동차 시대의 문을 열었지요. 증기 기관과 내연 기관은 연료의 화학 에너지를 운동 에너지로 바꾸는 장치였어요.

증기 기관과 내연 기관이 발명될 무렵, 대부분의 에너지는 산업 현장에서 쓰였어요. 따라서 더 많은 운동 에너지를 내는 장치가 필요했지요. 요즘에는 개인이나 가정에서도 많은 양의 에너지를 쓰고 있어요. 종류도 다양해졌고요.

우리가 쓰는 에너지의 종류가 다양하다는 것은 우리가 쓰는 제품의 종류가 다양하다는 말이에요. 우리 생활을 풍요롭게 해 주는 여러 가지 제품들은 모두 에너지 변환 장치거든요. 그런데 개인이나 가정에서 쓰는 에너지 변환 장치에는 공통점이 하나 있어요. 대부분 전기 에너지를 쓴다는 거예요.

전화와 오디오는 전기 에너지를 소리 에너지로 바꾼 것이고, 전등은 빛 에너지로 바꾼 거예요. 텔레비전과 모니터는 빛과 소리 에너지로 바꾼 것이지요. 냉방기와 난방기, 냉장고는 열 에너지로 바꾼 것이고, 선풍기와 세탁기는 운동 에너지로 바꾼 거예요.

전기 에너지는 공장이나 사무실 같은 산업 현장, 더 나아가 대형 마트나 백화점 같은 편의 시설에서도 많이 쓰이고 있어요. 이런 곳에서도 전기 에너지를 여러 가지 에너지로 바꿔 쓰고 있지요. 모스의 전신기 이후 전기 에너지는 정보와 통신 분야에서 꼭 필요한 에너지가 되었어요.

현대 문명을 떠받치고 있는
화석 연료

사람은 오랜 옛날부터 여러 가지 에너지를 써 왔어요. 에너지를 얻는 대상을 에너지 자원이라고 하는데, 주요 에너지 자원은 시대에 따라 변했어요. 산업 혁명 이전까지 가장 중요한 에너지 자원은 가축과 땔나무였어요. 산업 혁명 이후에는 석탄이 주요 에너지 자원으로 등장했어요. 석탄은 증기 기관의 연료였거든요. 산업 혁명이 영국에서 시작된 이유 중 하나도 영국의 석탄 생산량이 풍부했기 때문이에요.

산업 혁명이 한창이던 1800년대 중반에는 가축과 땔나무와 석탄의 소비량이 비슷했어요. 1900년대 초반에는 석탄 소비량이 전체 에너지 자원 소비량의 절반을 넘었지요. 그 후 내연 기관의 발명으로 석유 소비량이 점점 늘기 시작했어요. 또 천연가스 소비량도 크게 늘었지요. 석유와 석탄, 천연가스 같은 지하자원을 화석 에너지 또는 화석 연

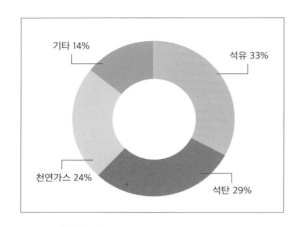

에너지 자원 소비 현황(World Energy Resources, 2016)

료라고 해요. 이들 연료는 화석처럼 오랜 옛날에 땅속에 묻힌 생물의 유해로부터 만들어지거든요.

화석 연료는 현대 문명을 떠받치는 가장 중요한 에너지 자원이에요. 2016년의 세계 자료에 따르면 석탄과 석유와 천연가스의 소비량이 전체 에너지 자원 소비량의 약 86%를 차지했어요. 그중에서 석유의 소비량이 약 33%로 가장 많았고, 석탄과 천연가스의 소비량은 각각 29%와 24%였지요.

다양한 화석 연료의 사용

집 안을 둘러보세요. 가스레인지 외에는 화석 연료를 쓰는 곳이 거의 없어요. 전등, 휴대 전화, 밥솥, 에어프라이어, 텔레비전, 오디오 등 대부분 전기 에너지를 쓰는 가전제품만 보일 뿐이에요. 도대체 화석 연료는 어디에 쓰이고 있는 것일까요? 바로 전기를 만드는 데 화석 연료가 많이 쓰인답니다.

전기를 만드는 시설을 발전소라고 해요. 발전소는 발전기를 돌리는 에너지 자원의 종류에 따라 화력 발전소, 수력 발전소, 원자력 발전소 등으로 나누어요.

화력 발전소는 증기 기관과 비슷해요. 석탄이나 석유, 천연가스로 물을 끓일 때 나오는 수증기가 발전기를 돌리지요. 화력 발전소는 연료의 화학 에너지를 전기 에너지로 바꾸는 시설인 셈이에요.

수력 발전소는 물레방아와 비슷해요. 높은 곳에서 떨어지는 물의 힘으로 발전기를 돌리거든요. 수력 발전소는 주로 강이나 계곡을 막아서 만든 댐에 설치되어 있어요. 수력 발전소는 물의 중력 에너지를 전기 에너지로 바꾸는 시설이에요.

우라늄 원자처럼 무거운 원자의 원자핵은 쉽게 쪼개지는 성질을 가지고 있어요. 이때 엄청난 양의 열 에너지가 만들어져요. 원자력 발전소에서는 이 열 에너지로 물을 끓이고, 그때 나오는 수증기로 발전기를 돌려요. 원자핵에 숨어 있는 에너지를 흔히 핵 에너지 또는 원자력 에너지라고 해요. 원자력 발전소는 핵 에너지를 전기 에너

수력 발전소(위)
원자력 발전소(아래)

3장 인류의 발전과 함께해 온 에너지

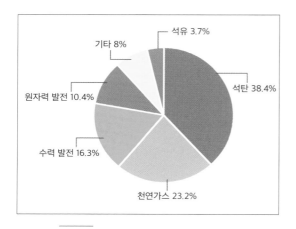

석유 3.7%

기타 8%

석탄 38.4%

원자력 발전 10.4%

수력 발전 16.3%

천연가스 23.2%

세계의 전기 생산 방법(IEA, 2016)

지로 바꾸는 시설이에요.

그밖에 지열이나 풍력, 햇빛 등의 에너지를 이용해 전기를 만드는 발전소도 있어요. 하지만 이런 발전소에서 만드는 전기의 양은 아직 많지 않아요. 2016년의 세계 자료에 따르면 전체 전기 생산량 중에서 석탄이나 석유, 천연

가스를 태워 전기를 만드는 화력 발전소의 전기 생산량은 65%가 넘어요. 수력 발전소와 원자력 발전소의 전기 생산량은 27%쯤 되었고, 기타 에너지로 만든 전기 생산량은 8%였지요. 그러니 전기 에너지의 대부분을 화석 연료로 만드는 셈이에요.

화력 발전소에서 쓰이는 화석 연료의 대부분은 석탄과 천연가스예요. 하지만 석유는 자동차나 선박, 항공기의 연료로도 많이 쓰여요. 그래서 전체 에너지 자원 중에서 화석 연료가 차지하는 비율이 약 86%나 되는 거예요.

화석 연료는 산업 혁명을 이끈 에너지 자원이었어요. 또 현대 문명을 떠받치고 있는 가장 중요한 에너지 자원이기도 하고요. 하지만 빛이 밝으면 그림자도 짙다는 말이 있어요. 우리에게 풍요로운 삶을 선사한 화석 연료가 우리의 미래를 어둡게 만들고 있거든요.

화석 연료 때문에
병들어 가는 지구의 대기

1952년 12월 4일, 영국의 수도 런던에 아침이 밝았어요. 도심을 덮은 짙은 안개는 잿빛 하늘까지 이어져 있었지요.

"뭐야, 오늘은 안개가 좀 심한데?"

"그러게. 해가 뜨면 좀 나아지겠지."

사람들은 안개가 여느 때보다 좀 더 짙다고 생각했어요. 하지만 이번 안개는 달랐어요. 온 사방이 먹구름이 내려앉은 것처럼 어두컴컴했고, 시간이 지날수록 더욱 짙어졌거든요.

안개가 짙어지자 한 치 앞을 내다볼 수 없었어요. 자동차는 물론 앰뷸런스도 운행을 멈췄고, 모든 야외 활동이 취소되었지요. 짙은 안개는 문틈을 비집고 건물 안까지 스며들었어요. 사람들은 매캐한 안개 때문에 숨을 제대로 쉴 수가 없었어요.

"콜록콜록!"

여기저기 기침 소리가 요란했어요. 어린아이와 노인들이 호흡기 질환으로 하나둘씩 쓰러지기 시작했어요. 12월 9일, 세찬 바람이 불어 안개를 거두어 갈 때까지 희생자는 무려 4,000명이 넘었고 환자도 수만 명이나 되었어요.

산업 혁명이 시작된 도시 런던에서 도대체 무슨 일이 일어났던 것일까요?

런던 스모그 사건

그날 아침, 런던의 하늘은 두꺼운 구름층에 덮여 있었어요. 구름층이 햇볕을 가려 겨울 날씨는 더욱 쌀쌀했지요. 런던 시민들은 석탄으로 난방을 했어요. 석탄을 태우면서 집집마다 시커먼 연기가 뿜어져 나왔어요.

런던 도심에는 산업 혁명의 도시라는 이름에 걸맞게 공장이 즐비했어요. 공장에서는 석탄을 태워 증기 기관을 돌리며 엄청난 양의 상품을 만들어 냈지요. 그날 런던의 대기는 수많은 공장과 가정에서 뿜어져 나온 연기로 더러워졌어요.

평소에는 바람이 불어 연기를 날려 보냈지만 그날은 엎친 데 덮친다고 바람 한 점 불지 않아 런던 시내 전체가 꽉 막힌 강당 같았지요. 연기가 짙어지면서 대기는 마치 안개가 낀 것처럼 뿌예졌어요. 이런 현상을 '스모그'라고 불러요. 그날 런던을 덮친 안개는 바로 스모그였어요.

　석탄 같은 연료를 태울 때 나오는 연기에는 이산화황(SO_2)이라는 기체가 들어 있어요. 이산화황은 독성이 아주 강해서 호흡을 통해 폐로 들어가면 폐렴이나 천식 같은 호흡기 질환을 일으킬 수 있어요. 런던 시민들은 바로 이산화황이라는 독가스에 며칠 동안 시달리며 큰 피해를 입었던 거예요.

　스모그 문제가 런던에서 처음 나타난 것은 아니에요. 1930년에는 벨기에의 뫼즈 계곡에 스모그가 덮쳐 60명이 목숨을 잃었고, 1948년에는 미국 펜실베이니아주의 도노라에 스모그가 덮쳐 20명이 죽고 7,000여 명이 질병에 시달렸어요.

　스모그 사건은 1900년대에만 일어난 건 아니에요. 최근에도 일어나고 있어요. 2013년에는 중국 하얼빈이 짙은 스모그에 갇혀 50미터 앞을 볼 수 없을 정도였어요. 모든 학교와 공항이 문을 닫았고, 호흡기 질환으로 병원을 찾은 환자도 평소보다 23%나 늘었다고 해요.

스모그

　지구를 둘러싸고 있는 기체를 공기 또는 대기라고 하는데 대기는 질소와 산소, 이산화탄소, 수증기 같은 기체와 먼지 등으로 이루어져 있어요. 우리가 보는 파란 하늘이 이 대기예요. 대기는 우리가 마음 놓고 숨 쉴 수 있을 만큼 깨끗하지만 화석 연료를 태울 때 나오는 여러 가지 기체가 스며들면 더러워지기도 해요. 이런 현상을 대기 오염이라고 하지요.

대기 오염은 석탄 같은 화석 연료를 중요한 에너지 자원으로 쓰면서 나타나기 시작했어요. 대기 오염은 산업 혁명이라는 빛 때문에 나타난 그늘인 셈이지요. 그런데 화석 연료의 피해가 대기 오염에서 그친 것은 아니에요. 어쩌면 우리의 미래를 송두리째 빼앗아 갈지도 모르는 무서운 일이 일어나고 있거든요.

문명을 키운 화석 연료가 문명의 끝을 가져올 수도 있다니 끔찍한 일이에요. 도대체 어째서 그런 일이 일어난 것이고, 또 어떻게 하면 막을 수 있을까요? 그것이 궁금하다면 먼저 태양과 지구의 관계에 대해 살펴보아야 해요.

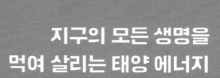

지구의 모든 생명을
먹여 살리는 태양 에너지

모든 생명을 살리는
위대한 신

1954년 5월, 한 고고학자가 쿠푸 왕의 피라미드 주변의 땅속에서 배한 척을 발견했어요. 배는 나무로 만들어져 있었고, 길이가 약 44미터, 폭이 약 6미터나 될 만큼 컸어요. 땅속에 어째서 이렇게 커다란 배가 묻혀 있었던 것일까요?

이집트 사람들은 태양신을 숭배했어요. 태양신의 이름은 '라'였지요. 라는 매일 아침 태양의 배를 타고 동쪽 지평선에서 떠올랐어요. 또 하늘을 가로지른 후 서쪽 지평선으로 내려갔지요. 태양의 배는 밤새 지하의 강을 따라 서쪽에서 동쪽으로 이동했고 이튿날 아침이면 다시 동쪽 지평선에서 떠올랐지요. 태양의 배는 태양신의 교통수단이었던 셈이에요.

이집트의 왕, 즉 파라오는 세상에서 가장 큰 권력자였어요. 그 위세

4장 지구의 모든 생명을 먹여 살리는 태양 에너지

가 신에 버금갈 정도였지요. 파라오는 자신이 라의 자손이고 더 나아가 신이라고 여기며 자신의 몸은 죽더라도 영혼은 다시 살아나 신의 세계로 간다고 생각했지요. 땅속에서 나온 배는 쿠푸 왕이 죽은 후 신의 세계로 가려고 준비한 태양의 배였던 거예요. 그래서 고고학자들은 태양의 배를 '쿠푸의 배'라고도 불렀어요.

태양을 신으로 숭배한 것은 이집트만이 아니에요. 그리스는 물론 남아메리카의 잉카 사람들도 태양을 중요한 신으로 여겼지요. 우리 조상들도 태양은 임금을 상징하는 별이라고 생각했어요. 거의 모든 지역 사람들이 아주 오래전부터 태양을 신으로 모신 것은 태양의 위대함과 소중함을 알고 있었기 때문이에요.

태양과 핵융합

태양은 대부분 수소로 이루어진 별이에요. 태양이 그토록 뜨겁고 밝은 것은 중심에서 엄청난 일이 일어나고 있기 때문이에요. 태양의 중심은 온도와 압력이 아주 높아요. 이곳에서는 수소 원자핵들이 서로 달라붙어 헬륨 원자핵을 만드는 변화가 일어나고 있는데 이를 '핵융합'이라고 해요.

앞에서 원자력 발전소에서는 핵분열이 일어난다고 했어요. 또 핵분열이 일어나면 원자 속에 숨어 있던 핵 에너지가 나온다고 했지요. 핵융합이 일어날 때에는 핵분열이 일어날 때보다 훨씬 더 많은 핵 에너지가 나와요. 그 핵 에너지가 바로 태양의 엄청난 열 에너지와 빛 에너지의 원천이랍니다.

물론 옛날 사람들이 태양에서 일어나는 이런 현상을 알고 있었던 것은 아니에요. 하지만 태양의 뜨거운 열과 밝은 빛이 자신을 포함한 모든 자연에 큰 영향을 주고 있다는 사실은 알고 있었어요.

캄캄한 어둠 속에서 동녘 하늘이 어렴풋한 빛을 머금었어요. 세상 만물은 잠에서 깨어나 꿈틀거렸지요. 사람들은 따뜻한 봄날의 햇볕을 쬐며 밭을 일구고 씨를 뿌렸어요. 땅속의 씨는 빗물에 목을 축이고 햇볕에 몸을 데우며 싹을 틔웠지요. 태양은 여름 내내 뜨겁게 땅을 달구었어요. 세상의 모든 식물은 햇빛을 이용해 영양분을 만들고 꽃을 피우고 열매를 맺었지요.

동물은 물론 사람도 열매를 먹고 살아가는 데 필요한 에너지를 얻었어요. 사람들은 가을에 거둔 열매와 고기로 풍성한 음식을 차리고 축제를 벌이기도 했어요.

겨울이 찾아오면서 태양의 기운이 쇠약해지고 세상은 매서운 추위 속에 생명을 잃은 것처럼 보였어요. 풀은 모두 말라 버리고 짐승은 땅속으로 숨

태양을 숭배한 잉카의 유적

어 버렸거든요. 사람들은 태양신이 다시 밝게 빛나기를 손꼽아 기다렸어요. 태양신은 사람들의 기대를 저버리지 않았어요. 새봄과 함께 다시 드높이 떠오르고 세상에 활기를 불어넣기 시작했거든요.

옛날 사람들은 산과 강과 바다는 물론 태양과 달과 별도 모두 신이라고 생각했어요. 신은 신비로운 능력으로 세상을 다스려요. 태양은 밤과 낮, 날씨와 계절의 변화를 주관하지요. 또 모든 생명을 먹여 살려요. 옛날 사람들이 태양을 으뜸 신으로 모신 것은 당연한 일이 아닐까요?

4장 지구의 모든 생명을 먹여 살리는 태양 에너지

지구는
태양 에너지 저장소

태양은 거대한 에너지 덩어리예요. 엄청난 양의 핵 에너지를 열 에너지와 빛 에너지로 바꾸어 태양계 우주 공간으로 뿜어내지요. 태양이 뿜어내는 에너지를 태양 에너지라고도 불러요. 태양이 우주 공간으로 내놓는 태양 에너지 중에서 지구가 받는 양은 약 1천만 분의 1밖에 안 될 만큼 아주 작아요. 그런데도 이 작은 에너지가 지구의 모든 생물을 먹여 살리고, 대기와 바다를 요동치게 만들지요.

태양은 옛날 사람들이 생각했던 으뜸 신보다 더 위대해요. 우리가 쓰고 있는 거의 모든 에너지는 태양이 보내 준 선물이거든요.

식물은 뿌리에서 빨아들인 물과 잎을 통해 들어온 이산화탄소를 재료로 해서 영양분을 만들어요. 이때 햇빛, 즉 빛 에너지가 꼭 필요해요. 식물은 햇빛을 이용해 만든 영양분으로 줄기와 잎을 튼튼하게 만

들고, 꽃과 씨와 열매를 맺어
요. 따라서 산과 들을 덮고 있
는 풀과 나무에는 태양 에너
지가 가득한 셈이에요.

초식 동물

초식 동물은 식물의 잎과 열
매를 먹고 살지요. 육식 동물
은 다른 동물을 먹고 살고요.
동물은 먹이를 영양분으로 바
꾸어 몸속에 저장하고 그 영
양분은 동물의 몸을 키우고 움직이는 데 필요한 에너지로 바뀌기도 하
지요. 동물이 쓰는 에너지는 식물이나 다른 동물로부터 온 거예요. 동
물의 몸속에도 식물을 거쳐 들어온 태양 에너지가 가득한 셈이지요.

사람은 식물과 동물을 모두 먹고 살아요. 사람은 채소와 고기로 음
식을 만들어 먹으며 에너지를 보충하지요. 채소와 고기 속에는 태양
에너지가 가득해요. 따라서 사람은 태양 에너지로 살아가는 거예요.
피라미드를 쌓았던 인부들의 에너지도 결국 태양으로부터 온 거지요.

화석 연료는 식물과 동물의 잔해

아주 오래전, 엄청난 지각 변동으로 우거진 숲이 땅속에
묻혔어요. 풀과 나무는 깊은 땅속에서 열과 압력을 받으며 검게 변해
갔어요. 그렇게 만들어진 것이 바로 석탄이에요. 또 석유는 오래전에

살던 동물의 사체가 땅속에서 열과 압력을 받아 만들어진 연료예요. 화석 연료라고 불리는 석탄과 석유는 식물과 동물의 잔해지요. 식물이나 동물은 태양 에너지를 이용해 자란다고 했어요. 따라서 화석 연료도 태양 에너지를 잔뜩 품고 있어요.

식물이나 동물 또는 사람만이 태양 에너지의 신세를 지고 있는 것만은 아니에요. 지구에 가득한 여러 가지 에너지는 대부분 태양 에너지가 바뀐 것들이에요.

햇볕, 즉 태양 에너지가 땅을 달구면 땅 근처의 공기도 따뜻하게 데워지고 위로 솟아올라요. 같은 양의 햇볕을 받아도 바다는 땅보다 천천히 달아올라요. 따라서 바다 쪽 공기는 아직 차갑지요. 그 차가운 공기가 땅으로 밀려오기도 하는데, 이 같은 공기의 흐름을 바람이라고 해요. 태양 에너지가 공기의 운동 에너지로 바뀌어 나타나는 현상이 바람인 거예요.

사람들은 이 바람을 이용해 풍차를 돌리고 방아를 찧었어요. 또 범선의 돛을 활짝 펴고 바다를 항해했지요. 풍차를 돌리고 범선을 움직인 풍력 에너지의 원천은 결국 태양 에너지인 셈이에요.

햇볕이 내리쬐면 호수나 바다의 물은 수증기가 되어 대기로 날아가요. 태양 에너지가 수증기의 운동 에너지로 바뀐 거예요. 대기 높은 곳으로 솟아오른 후 차갑게 식은 수증기는 서로 달라붙어 작은 물방울이나 얼음 알갱이가 되지요. 이 같은 작은 물방울이나 얼음 알갱이의 덩어리가 바로 구름이에요. 작은 물방울이나 얼음 알갱이가 점점 커지면 더 이상 대기에 떠서 머물 수가 없어요. 그래서 비나 눈이 되어 땅으

4장 지구의 모든 생명을 먹여 살리는 태양 에너지

태양계에 속해 있는 지구

로 떨어지지요. 물을 호수나 바다에서 산이나 계곡의 높은 곳으로 옮긴 것은 태양 에너지예요.

산이나 계곡에 내린 비와 눈은 물이 되어 낮은 곳으로 흘러요. 사람들은 이 물을 이용해 물레방아를 돌리기도 하지요. 태양 에너지가 물레방아를 돌리는 물의 중력 에너지로 바뀐 거지요. 물레방아를 돌리는 수력 에너지는 원천은 결국 태양 에너지인 셈이에요.

지구에 가득한 에너지 중에는 태양 에너지와 관계없는 것도 있어요. 예를 들어 지열 에너지는 땅속의 뜨거운 마그마가 가진 에너지이며, 핵 에너지는 물질 속에 들어 있는 에너지예요. 또 밀물과 썰물이 가지고 있는 조력 에너지는 대부분 달의 중력 때문에 만들어져요. 하지만 사람들이 옛날부터 써 온 에너지는 대부분 태양 에너지가 바뀐 거예요.

주변을 둘러보세요. 먹구름 속에서 번개가 번쩍이고 천둥이 쳐요. 비와 눈은 메마른 산과 들을 적시고, 세찬 바람은 나뭇가지를 흔들지요. 겨우내 쌓인 눈은 따뜻한 햇볕에 녹아 시내를 이루며 흘러요. 숲속과 바닷속에서는 온갖 생물이 무리를 지으며 살아가요. 이 모든 것에 활기를 불어넣는 것은 태양 에너지예요. 지구는 생명이 가득한 태양 에너지 저장소가 아닐까요?

뜨거워지는
지구

태양의 둘레에는 많은 천체들이 돌고 있어요. 태양에서 가까운 순서대로 수성, 금성, 지구, 화성, 목성, 토성, 천왕성, 해왕성이지요. 천체의 환경은 태양으로부터 떨어진 거리에 따라 달라요. 태양에서 두 번째로 가장 가까운 행성인 금성은 평균 표면 온도가 약 460℃에 이르는 불구덩이고 가장 먼 행성인 해왕성은 평균 표면 온도가 약 −200℃인 냉동고지요.

세 번째 행성인 지구는 태양으로부터 가장 적당한 거리에 놓여 있고 평균 표면 온도는 15℃를 유지하기 때문에 많은 생물이 쾌적하게 살 수 있지요. 하지만 지구가 이처럼 쾌적한 환경을 유지할 수 있는 이유가 또 하나 있어요. 두꺼운 공기의 층, 즉 대기로 둘러싸여 있다는 점이에요.

태양으로부터 끊임없이 열을 얻기만 한다면 지구는 아주 뜨거워질 거예요. 하지만 지구도 우주 공간으로 열을 뿜어내고 있어요. 지구가 얻는 열과 뿜어내는 열은 거의 같아서 지구는 늘 일정한 온도를 유지할 수 있지요. 이 일정한 온도가 바로 평균 온도예요. 지구의 대기는 평균 온도를 유지하는 데 아주 중요한 역할을 해요.

지구의 대기는 온실의 유리창 같은 역할을 해요. 온실의 유리창은 햇볕을 통과시키면서 온실 안에서 밖으로 빠져나가는 열을 붙들지요. 그래서 온실 안은 온실 밖보다 따뜻해요. 지구의 대기도 햇볕을 받아들이면서 지구에서 빠져나가는 열을 붙들어요. 그 결과 지구는 대기가 없을 때보다 더 많은 열을 품을 수 있고, 약 15℃의 따뜻한 평균 온도를 유지할 수 있는 거예요. 이런 현상을 '온실 효과'라고 불러요.

지구에 대기가 없다면 평균 온도는 지금보다 약 32℃나 낮아져요. 지구 전체가 얼음에 뒤덮이게 되는 거지요.

지구 온난화

지구 대기의 약 99%는 질소와 산소예요. 그중 약 78%는 질소이고 약 21%는 산소가 차지하지요. 나머지 1%는 아르곤이나 이산화탄소 같은 여러 가지 기체예요. 이들 기체 중에서 온실 효과에 크게 기여하는 것은 이산화탄소예요. 이산화탄소의 양이 많을수록 온실 효과가 커지고, 지구의 온도도 높아지거든요.

금성이 뜨거운 것은 태양에 가깝기도 하지만 대기에 이산화탄소가 아주 많기 때문이기도 해요. 무려 96%나 되는 이산화탄소가 우주 공간으로 빠져나가는 열을 붙들고 있기 때문에 그렇게 뜨거운 거예요.

지금 지구의 평균 온도는 약 15℃이지만 언제나 그랬던 것은 아니에요. 아주 오래전에는 평균 온도가 10℃까지 떨어진 적도 있어요. 이처럼 추웠던 때를 빙하기라고 해요. 빙하기는 오랜 세월 여러 번 찾아왔어요. 그런데 지난 100년 동안 지구의 평균 온도가 약 0.6℃나 높아졌어요.

아침과 낮 기온이 10℃가 넘게 차이 나도 우리는 별 탈 없이 지내는데 0.6℃ 높아진 게 무슨 큰일이냐고요? 우리는 추울 때나 더울 때나 늘 평균 체온을 유지할 수 있어요. 추울 때에는 우리 몸에서 열을 더 내어 체온을 유지하고, 더울 때에는 땀을 내어 몸을 식히면서 체온을 유지하지요. 하지만 체온이 조금 더 높아지거나 낮아지면 건강에 큰 문제가 생겨요.

건강한 사람은 36.5~37℃의 체온을 유지하는데, 체온이 1~2℃만 높아지거나 낮아져도 우리 몸의 기능은 크게 떨어지거든요.

과학자들은 앞으로 지구의 평균 온도가 더 높아질 것이라고 예측하고 있어요. 이런 현상을 '지구 온난화'라고 해요. 지구를 사람에 비유하면 지구는 열병에 걸린 거예요.

지구 온난화는 어느 한 나라만의 문제도 아니고, 한두 나라의 힘으로 바꿀 수 있는 것도 아니에요. 지속적으로 관심을 가지고, 지구 온난화가 최대한 천천히 진행되도록 전 세계 사람이 힘을 합해야 해요.

4장 지구의 모든 생명을 먹여 살리는 태양 에너지

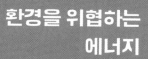

환경을 위협하는
에너지

지구 온난화가 일으키는
큰 재앙들

북위 약 66도 이상의 고위도 지역을 북극이라고 해요. 북극의 대부분을 차지하는 것은 북극해라고 불리는 넓은 바다예요. 북극해는 유럽과 아시아, 북아메리카의 북쪽 해안으로 둘러싸여 있으면서 지구에서 태양 에너지를 가장 적게 받는 지역 중 하나예요. 그래서 늘 두꺼운 얼음으로 덮여 있지요.

얼음의 나라 북극에는 세상에서 가장 센 사냥꾼이 살고 있어요. 바로 북극곰이에요. 추운 곳에서 체온을 유지하려면 그만큼 많은 먹이가 필요해요. 북극곰이 가장 좋아하는 먹이는 차가운 바닷속에서 살아가는 물범인데 뭍에 사는 북극곰이 물범을 잡아먹을 수 있는 것은 바다를 덮고 있는 얼음 덕분이에요. 물범은 물고기가 아니기 때문에 가끔 숨을 쉬러 얼음 구멍으로 얼굴을 내밀어야 하거든요. 그러면 얼음 위

5장 환경을 위협하는 에너지

에서 기다리고 있던 북극곰이 그 순간을 놓치지 않고 물범을 낚아채지요.

북극해의 빙하

그런데 얼마 전부터 북극곰에게 큰 위기가 찾아왔어요. 지구 온난화 때문에 북극해의 얼음이 녹으면서 북극곰이 더 이상 사냥을 할 수 없어졌기 때문이에요.

지구 온난화는 북극만의 문제는 아니에요. 온난화로 남극의 얼음도 사라지고 있어 얼음 위에서 살아가는 펭귄들도 수난을 당하고 있거든요. 그렇다고 펭귄과 북극곰만 지구 온난화의 피해를 입는 것도 아니에요. 남극과 북극의 얼음이 녹으면 해수면이 점점 높아지는데 과학자들의 연구에 따르면 1870년에서 2004년까지 평균 해수면은 약 20센티미터나 높아졌다고 해요. 매년 약 1.5밀리미터씩 높아진 셈이지요. 게다가 요즘에는 속도가 빨라져 해마다 약 3밀리미터씩 높아지고 있어요.

해수면 상승이 가져오는 위협

해수면 상승의 첫 피해자는 남태평양의 작은 섬나라 투발루 사람들이에요. 투발루를 이루는 아홉 개의 작은 섬에는 1만여 명의 사람들이 살고 있는데, 이곳은 가장 높은 곳이라고 해도 5미터를 넘지 못해요. 국토의 대부분이 평지거든요. 그렇기 때문에 해수면 상승으로 투발루의 섬들은 하나둘씩 바닷물에 잠기고 있어요. 수십 년이 지나면 투발루의 섬들은 모두 사라질지도 몰라요.

해수면이 높아지는 데에는 한 가지 이유가 더 있어요. 높아지는 바닷물의 온도예요. 지구 온난화가 심해진다는 것은 지구가 품고 있는 열이 점점 더 많아진다는 뜻이에요. 그 열이 스며드는 곳은 바다인데 온난화로 바닷물의 부피가 커지면서 당연히 해수면도 올라가는 거예요.

바닷물의 온도가 높아지자 또 다른 재앙이 닥쳐왔어요. 바로 슈퍼 태풍 또는 슈퍼 허리케인의 등장이에요. 열대의 바다에서는 지름이 수백 킬로미터에 이르는 거대한 소용돌이 바람이 만들어지기도 하는데 이런 바람 중에서 북태평양에서 만들어지는 것을 태풍, 북대서양에서

슈퍼 허리케인 카타리나

만들어지는 것을 허리케인이라고 불러요. 태풍이나 허리케인은 해마다 몇 차례씩 나타나는데 세찬 소용돌이 바람을 일으키며 해안 도시를 덮치기도 해요.

2005년 8월, 미국 남동부의 뉴올리언스에 '카타리나'라는 이름의 슈퍼 허리케인이 찾아왔어요. 중심 부근의 최고 풍속이 초속 67미터가 넘을 때 슈퍼 허리케인이라고 부르는데 카타리나의 최고 풍속은 초속 78미터를 기록했지요. 많은 건물이 부서졌고 자동차나 선박도 뒤집어졌어요. 사망자도 1,386명이나 되었고, 경제적 피해는 허리케인 역사상 가장 많은 75조 원을 넘었어요.

태풍은 열대 바다에서 에너지를 얻어요. 그 에너지란 열대 바다의 뜨거운 열기, 즉 열 에너지예요. 따라서 바닷물의 온도가 높아질수록 더 센 허리케인이 만들어지지요. 카타리나는 지구 온난화로 뜨거워진 해수면에서 에너지를 얻어 만들어진 슈퍼 허리케인이었던 거예요.

지구 온난화의 피해는 육지에서도 나타나고 있어요. 최근 세계 여러 곳에 엄청난 폭우와 홍수가 닥쳤고 황폐한 사막도 점점 넓어지고 있어요. 지구 온난화가 심해질수록 이런 피해는 더욱 커질 거예요.

지구 온난화 때문에 북극곰은 생활 터전을 빼앗기고, 섬나라는 바닷속에 잠기고 엄청난 슈퍼 태풍은 도시를 덮치고, 세계는 기상 이변으로 몸살을 앓고 있지요. 도대체 지구 온난화라는 큰 재앙은 어떻게 나타난 것일까요?

5장 환경을 위협하는 에너지

지구 온난화의 범인은
화석 연료

우리 몸의 체온은 정해진 값을 크게 벗어나지 않도록 스스로 조절할 수 있어요. 더운 날 체온이 오르면 땀구멍을 활짝 열어 땀을 몸 밖으로 내보내지요. 그러면 열이 땀과 함께 배출되기 때문에 체온이 낮아져요. 반대로 추운 날이면 땀구멍을 바짝 조여 땀이 몸 밖으로 나가지 못하기 때문에 열이 쉽게 빠져나가지 못해 체온이 크게 낮아지는 걸 막을 수 있어요.

생물이 주변 환경에 따라 달라지는 몸의 상태를 스스로 일정하게 유지하는 능력을 '항상성'이라고 해요. 항상성은 지구에서도 찾아볼 수 있어요. 지구가 어떻게 대기의 이산화탄소 농도를 유지하는지 예를 들어 살펴보기로 해요.

자연의 항상성

큰 산불이 발생했어요. 산속의 나무는 활활 타서 모두 재가 되었고요. 나무가 타면서 많은 양의 이산화탄소가 배출되었지요. 대기에 이산화탄소가 짙어지면 온실 효과 때문에 기온이 올라가요. 그러면 나무와 풀이 잘 자라고 숲은 다시 무성해지지요. 나무와 풀은 이산화탄소를 이용해 영양분을 만들거든요. 시간이 지나면서 무성해진 숲 때문에 이산화탄소의 양이 줄어들고 결국 이산화탄소의 양은 산불이 일어나기 전과 비슷해져요.

그러나 이런 항상성이 언제나 유지되는 것은 아니에요. 이산화탄소의 양이 자연이 감당할 수 없을 정도로 끊임없이 늘어나면 대기의 항상성도 깨질 수밖에 없어요.

아주 오래전부터 사람은 자연의 일부였어요. 하지만 새로운 도구를 발명하고 새로운 에너지를 발견하면서 사람은 자연을 어느 정도 다스릴 수 있게 되었고 사람이 쓰는 에너지의 양도 점점 많아졌어요. 불의 발견은 에너지 이용을 더욱 부추겼어요. 음식을 조리하고, 공간을 덥히고 땅속에서 구리와 철을 뽑아내고, 질그릇을 구울 때마다 엄청난 양의 나무와 석탄을 태워야 했어요. 그 결과 사람이 배출하는 이산화탄소의 양도 점점 늘었지요.

옛날 사람들이 배출하는 이산화탄소의 양은 얼마 안 되었어요. 대기의 항상성으로 충분히 버틸 수 있었지요. 하지만 산업 혁명으로 석탄 사용량이 급격히 늘어나자 사정이 달라졌어요. 이산화탄소의 양이 지나치게 많아져 대기의 항상성이 깨지기 시작한 거예요. 그와 함께

5장 환경을 위협하는 에너지

지구의 평균 온도가 점점 높아졌어요. 지구 온난화가 찾아온 거예요.

　과학자들이 지난 150여 년 동안 대기의 이산화탄소 농도와 평균 온도를 조사해 보자 이산화탄소 농도는 산업 혁명 이후 크게 늘어난 것으로 나타났어요. 그 후 석유와 천연가스를 쓰면서 더욱 빠르게 늘었지요. 평균 온도는 들쭉날쭉 높아질 때도 있었고 낮아질 때도 있었지만 전체적으로 점점 높아졌어요.

　사람의 경제 활동으로 배출되는 기체 중에서 지구 온난화에 영향을 미치는 것은 이산화탄소만이 아니에요. 소나 양 같은 가축의 배설물이 분해되면서 나오는 메탄(CH_4), 비료를 사용하면서 나오는 산화질소, 냉장고의 냉매로 사용되는 염화불화탄소(CFCs) 같은 기체들도 모두 지구 온난화에 많은 영향을 주지요.

　과학자들은 이산화탄소와 메탄, 산화질소, 염화불화탄소 같은 기체를 '온실 기체'라고 불러요. 같은 양의 온실 기체 중에서 영향력이 가장 적은 것은 놀랍게도 이산화탄소예요. 하지만 사람이 배출하는 온실 기체 중에서 양이 가장 많은 것은 이산화탄소지요. 이산화탄소는 온실 기체 배출량의 80%를 넘거든요. 따라서 지구 온난화에 가장 큰 영향을 주는 기체는 이

메탄가스를 내뿜는 젖소

산화탄소라고 보면 되어요.

그렇다면 화석 연료를 많이 쓰는 것이 정말 지구 온난화를 불러온 것일까요? 어떤 과학자들은 지구의 평균 온도가 잠시 오르고 있을 뿐이라고 주장하기도 해요. 빙하기가 끝나고 다시 따뜻해졌던 것처럼 말이에요. 하지만 지금 대부분의 과학자들은 지구 온난화는 일어나고 있으며, 그 원인은 화석 연료 사용량의 증가 때문이라고 말하고 있어요.

두 얼굴을 가진
에너지

우리는 대부분 하루 세 끼를 먹어요. 이렇게 음식을 먹고 소화시켜 살아가는 데 필요한 영양소를 만들지요. 영양소를 이용해 몸을 성장시키고 유지하기도 하며, 몸을 움직이고 일을 하는 데 에너지로 쓰기도 해요. 배가 고프면 기운이 없어 공부를 하기도, 일을 하기도 힘들지요.

　사람에게 필요한 영양소 중에서 가장 중요한 것을 3대 영양소라고 해요. 탄수화물과 지방과 단백질, 이 3대 영양소 중에서 가장 많은 에너지를 내는 것은 지방이에요. 우리가 좋아하는 튀김처럼 기름진 음식에 많이 들어 있는 지방은 1그램이 약 9킬로칼로리의 열량을 낼 수 있어요. 쌀이나 밀, 감자 등에 많이 들어 있는 탄수화물은 1그램이 약 4킬로칼로리, 쇠고기나 생선 등에 많이 들어 있는 단백질도 1그램이 약 4킬로칼로리의 열량을 내지요.

우리가 몸에 탄수화물이나 단백질이 아닌 지방을 저장해 두는 것은 지방이 에너지를 가장 많이 낼 수 있는 영양소이기 때문이에요. 혹시라도 음식을 오랫동안 먹지 못할 때 몸에 저장한 지방을 에너지원으로 쓰려는 거지요.

아주 오래전 살았던 사람들은 대부분 몸에 지방을 충분히 저장할 수 없었어요. 하루 종일 먹을 것을 찾아 헤매도 몸에 필요한 열량을 다 채우기 힘들었거든요. 그 후로도 오랫동안 사람들은 몸을 많이 움직이며 일을 해야 했기 때문에 에너지를 몸속에 저장할 겨를이 없었어요. 변변한 반찬도 없이 끼니를 때우면서도 물을 길러 멀리까지 가야 했고, 기계 없이 농사를 지어야 했으며, 빨래도 냇가에서 세제 없이 해야 했으니까요. 당연히 힘이 많이 들었겠지요.

비만과 지구 온난화

반대로 요즘에는 먹을거리가 넘쳐나요. 또 사람들은 기름진 음식을 좋아하고, 옛날보다 몸을 많이 움직이지 않고 살아가요. 걷기보다는 자동차를 타고, 시장에 직접 가서 물건을 사기보다는 온라인으로 주문을 하지요. 대부분의 일은 컴퓨터 앞에서 처리하고요. 그 결과 몸에 지방이 너무 많이 쌓여 비만해진 사람이 크게 늘었어요. 전 세계의 비만 인구는 10억 명이나 될 정도예요.

비만은 고혈압이나 심장병, 당뇨 같은 질병을 일으키기도 해요. 비만 때문에 심장병에 걸려 죽는 사람이 1년에 전 세계에서 1,700만 명

이나 된다고 해요. 또 비만증 환자의 질병을 치료하는 데에도 엄청난 비용이 들어요. 덴마크와 프랑스, 헝가리 같은 나라에서는 지방이 많이 들어간 식품에 세금을 매기기 시작했어요. 이제 비만이 큰 골칫덩이가 된 거예요.

비만이 사람에게 나타난 에너지 문제라면 지구 온난화는 지구에게 나타난 에너지 문제예요. 비만과 지구 온난화 사이에는 공통점이 하나 더 있어요. 모두 사람의 욕심 때문에 생기는 문제라는 거예요. 비만은 사람이 너무 많은 에너지를 섭취하기 때문에 일어나고, 지구 온난화는 사람이 너무 많은 에너지를 쓰기 때문에 일어나거든요. 도대체 사람들이 얼마나 많은 에너지를 쓰고 있는 걸까요?

약 100만 년 전, 아프리카에 살던 사람들은 그때까지 불을 발견하지 못했기 때문에 날것을 먹었어요. 식물의 뿌리나 사냥한 고기, 열매 등등을 그대로 먹었지요. 그때 한 사람이 하루에 쓴 에너지의 양은 약 2,000킬로칼로리였어요. 그야말로 하루 생활에 필요한 음식 에너지뿐이었던 거죠.

약 10만 년 전, 유럽에 살던 사람들은 하루에 약 5,000킬로칼로리를 썼지요. 불을 피워 고기를 굽고, 동굴 안을 따뜻하게 만들거나 환하게 밝히는 데도 에너지를 썼어요.

약 5,000년 전, 사람들은 가축을 이용해 농사를 지을 수 있게 되면서 하루에 12,000킬로칼로리의 에너지를 썼어요. 그러다가 1400년대에 이르자 사람들은 수력 에너지와 풍력 에너지를 이용해 방아를 찧을 수 있게 되었어요. 또 석탄을 태워 열 에너지도 얻기 시작했지요. 이때는 한 사람이 하루에 약 26,000킬로칼로리의 에너지를 썼어요.

산업 혁명 이후 에너지 소비량은 더 빠르게 늘었어요. 증기 기관을 움직이느라 엄청난 양의 석탄을 써야 했거든요. 1875년에는 한 사람이 하루에 쓰는 에너지의 양이 약 77,000킬로칼로리에 이르렀어요. 1970년에는 미국에 사는 한 사람이 하루에 약 23만 킬로칼로리의 에너지를 썼다고 해요. 100만 년 전의 사람에 비해 무려 115배의 에너지를 쓰며 살아간 거예요.

앞에서도 이야기한 것처럼 우리가 쓰는 에너지의 대부분은 석유와 석탄과 천연가스 같은 화석 연료예요. 과연 사람들은 얼마나 많은 화석 연료를 쓰고 있는 것일까요? 미국의 생태학자 제프리 듀크스는 산업 혁명이 시작된 1751년부터 최근까지 사람들이 태운 화석 연료의 양을 계산해 보았어요. 그 결과는 충격적이었지요. 무려 1만 3300년 동안 지구에서 자란 모든 식물이 땅속에 묻혀야 할 만큼의 화석 연료였거든요.

이제 지구는 더 이상 이 엄청난 양의 화석 연료로부터 나오는 이산화탄소를 감당할 수 없게 되었어요. 그래서 지구에는 엄청난 재앙이 일어나게 된 거예요.

또 하나의 재앙,
미세먼지

우리가 숨 쉬는 공기에는 작은 먼지들이 수없이 떠다니고 있어요. 그중에서 지름이 10마이크로미터(㎛)보다 작은 먼지를 '미세먼지'라고 하고 지름이 2.5마이크로미터보다 작은 먼지를 '초미세먼지'라고 부르지요. 1마이크로미터는 100만 분의 1미터로 0.001밀리미터예요.

미세먼지의 크기는 머리카락 지름의 5분의 1 정도밖에 되지 않아서 코와 기관지에서 걸러지지 못하고 폐를 통해 우리 몸속으로 스며들어요. 그래서 천식이나 폐질환은 물론 암까지 일으킬 수 있는 것으로 알려져 있어요. 1952년에 수많은 희생자를 낸 런던의 스모그 사건도 미세먼지 때문에 일어난 사건이에요.

미세먼지는 주로 자동차나 공장, 화력 발전소에서 나오는 오염 물질이에요. 미세먼지도 지구 온난화처럼 화석 연료를 에너지 자원으로

쓰기 때문에 일어나는 또 하나의 재앙인 셈이지요. 우리나라는 2014년부터 미세먼지 예보를 시작했으며, 2015년부터는 초미세먼지 예보도 하고 있어요.

미세먼지 농도는 1세제곱미터(㎥) 부피의 공기에 포함된 미세먼지의 질량, 즉 ㎍/㎥(마이크로그램 퍼 세제곱미터)로 나타내요. 미세먼지 예보 화면에서 PM10나 PM2.5라는 기호를 본 적이 있을 거예요. PM10은 미세먼지 농도, PM2.5는 초미세먼지 농도를 뜻해요. 예를 들어 PM10 수치가 50이라는 것은 부피 1세제곱미터의 공기에 50마이크로그램의 미세먼지가 포함되어 있다는 뜻이에요.

우리나라 환경부에서는 미세먼지와 초미세먼지의 예보 등급을 농도에 따라 좋음, 보통, 나쁨, 매우 나쁨의 4단계로 구분해요. 예를 들어 초미세먼지의 경우, 농도가 0~15는 좋음, 16~35는 보통, 36~75는 나쁨, 76 이상은 매우 나쁨이에요.

줄어들고 있는 미세먼지

요즘 우리나라 미세먼지가 너무 심하다고 생각할 수도 있지만 사실 우리나라 미세먼지 농도는 해마다 조금씩 낮아지고 있어요. 2004년에 61이었던 서울의 연평균 미세먼지 농도가 2017년에는 44로 낮아졌어요. 2005년에 36이었던 서울의 연평균 초미세먼지 농도도 2017년에는 25로 낮아졌고요. 하지만 미세먼지 농도는 지역이나 계절에 따라 차이가 커요. 주로 사람들이 몰려 있는 수도권에서 높고,

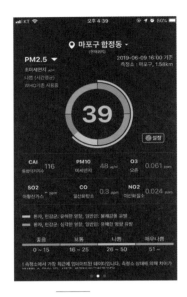

대기 오염 상황을
알려 주는 앱 화면

봄과 겨울에 높게 나타나요. 또 오래된 화력 발전소와 자동차의 증가로 미세먼지 배출량은 점점 늘고 있어요.

더구나 미세먼지는 바람을 타고 이동하는 것이라 국경이 없어요. 중국 같은 주변 나라에서 우리나라 수도권의 미세먼지 농도에 끼치는 영향이 40~70%나 되기 때문에 우리나라에서 아무리 미세먼지 농도를 줄이려고 자동차 배기가스를 규제하고, 공장 가동을 줄이는 등 온갖 노력을 해도 중국을 비롯한 주변 나라와 함께 노력하지 않으면 소용이 없어요.

2018년 서울에서 미세먼지 등급이 나쁨이거나 매우 나쁨이었던 날은 21일이었어요. 초미세먼지 등급이 나쁨이나 매우 나쁨이었던 날은 61일이었고요. 하지만 세계보건기구의 미세먼지와 초미세먼지 권고 기준을 넘긴 날은 각각 91일과 121일이었어요. 2018년에 서울은 사흘에 한 번꼴로 대기가 나빴던 거죠.

환경부와 세계보건기구의 미세먼지 기준은 조금 달라요. 환경부에서는 미세먼지와 초미세먼지의 나쁨 단계가 각각 81과 36 이상이지만, 세계보건기구의 권고안은 미세먼지와 초미세먼지가 51과 26을 넘지 않아야 하거든요. 우리나라도 앞으로는 미세먼지 예보 등급을 세계보건기구의 권고안에 맞추어 더 강화할 계획이에요. 그렇게 하려면 미

하루 평균 먼지 농도 ($\mu g/m^3$)	최고	좋음	양호	보통	나쁨	상당히 나쁨	매우 나쁨	최악
미세먼지 PM10	0~15	16~30	31~40	41~50	51~75	76~100	101~150	151 이상
초미세먼지 PM2.5	0~8	9~15	16~20	21~25	26~37	38~50	51~75	76 이상

세계보건기구 미세먼지 농도 등급표(8단계)

하루 평균 먼지 농도 ($\mu g/m^3$)	좋음	보통	나쁨	매우나쁨
미세먼지 PM10	0~30	31~80	81~150	151 이상
초미세먼지 PM2.5	0~15	16~35	36~75	76 이상

환경부 미세먼지 농도 등급표(4단계)

세먼지를 줄이는 데 더 많은 노력과 관심이 필요해요.

우리는 지구 온난화와 미세먼지 같은 문제를 해결하려는 노력을 계속해야 해요. 에너지를 계속 사용하면서 이런 문제를 해결하려면 어떻게 해야 할까요?

5장 환경을 위협하는 에너지

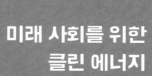

미래 사회를 위한
클린 에너지

미래 에너지의 희망,
태양 에너지

2004년 1월 4일, 화성 표면에 탐사 로봇이 착륙했어요. 3주 후인 25일에 또 다른 탐사 로봇이 착륙했지요. 스피릿과 오퍼튜니티라는 이름의 두 탐사 로봇은 화성 표면을 돌아다니며 생명의 흔적, 기후와 지형의 특징 등을 조사하기 시작했어요. 두 탐사 로봇의 예상 수명은 약 3개월이었어요. 하지만 스피릿은 2010년까지 탐사 임무를 마치고 작동을 멈췄으며, 오퍼튜니티는 2018년 6월까지 지구와 교신을 할 수 있었어요.

어떤 장치든 작동을 하려면 에너지를 공급해 주어야 해요. 화성 탐사 로봇은 6개의 바퀴로 이동해요. 또 카메라와 여러 가지 실험 기기를 작동시켜야 하고, 지구의 본부와 통신도 해야 하지요. 그런데 14년이 넘도록 에너지가 떨어지지 않았어요. 도대체 이 탐사 로봇은 어떤 에너지를 썼던 것일까요?

케네디 우주 센터에서 점검 중인 스피릿

화성 탐사 로봇의 모습은 날개를 펼친 자동차와 비슷해요. 반짝이는 날개는 햇빛을 전기로 바꾸는 장치예요. 태양 전지라고 불리지요. 스피릿과 오퍼튜니티는 태양 전지에서 만들어지는 전기로 모든 장치를 작동해요. 따라서 태양 전지가 고장 나지 않고 햇빛이 비추기만 하면 에너지는 영원히 공급되지요. 그것이 바로 오퍼튜니티가 14년 넘게 활동할 수 있었던 비결이에요.

태양 에너지를 이용해 전기 에너지로

전기는 아주 깨끗하고 편리한 에너지예요. 대기를 오염시키지도 않고 지구 온난화도 일으키지 않아요. 우리가 쓰는 모든 에너지를 전기로 바꾸면 지구 온난화 문제를 해결할 수 있을 거라고요? 맞아요. 하지만 한 가지 문제가 남아 있어요. 전기를 만드는 데 화석 에너지를 쓰면 안 된다는 거예요.

우리가 쓰고 있는 대부분의 전기는 화력 발전소에서 만들어져요. 전기 자동차를 충전하는 전기도 마찬가지예요. 화력 발전소에서 만들어 내는 전기는 지구 온난화를 막는 데 전혀 효과가 없어요. 화력 발전소에서 석유나 석탄, 천연가스 같은 화석 연료를 태울 때 온실 기체가 생기니까요.

　화석 연료로 얻는 에너지에는 큰 문제가 하나 더 있어요. 땅속에 묻혀 있는 화석 연료의 양에 한계가 있다는 거예요. 수십 년 후에는 석유와 석탄이 고갈될 거라고 경고하는 사람도 있어요. 화석 연료는 한 번 쓰면 재가 되어 사라지고 오염 물질도 내뿜어요. 그렇다면 아무리 써도 사라지지 않고 어떤 오염 물질도 내뿜지 않는 꿈의 에너지는 없을까요? 과학자들은 그런 에너지를 만들어 내는 장치를 찾아내고 있어요. 태양 전지도 그중의 하나예요.

　태양 전지를 이용하면 햇빛, 즉 태양의 빛 에너지를 직접 전기 에너지로 바꿀 수 있어요. 태양 전지를 이용해 전기를 만드는 시설을 태양광 발전소라고 해요. 요즘에는 태양 전지를 설치한 가로등도 흔히 볼 수 있지요. 가로등을 밝히는 데 필요한 전기를 스스로 만드는 거지요. 마치 오퍼튜니티가 전기를 스스로 만들며 움직인 것처럼 말이에요.

　햇볕, 즉 태양의 열 에너지를 이용해 전기를 만들 수도 있어요. 커다란 반사판으로 햇볕을 모아 물을 끓이고, 이때 나오는 수증기로 발전기를 돌려 전기를 만드는 거지요. 이런 시설을 태양열 발전소라고 해요. 햇볕으로 데운 물을 집 안이나 건물의 난방에 쓰면 화석 연료나 전기 없이도 겨울을 따뜻하게 날 수 있지요.

　태양 에너지는 화석 연료와 달리 아무리 써도 없어지지 않아요. 태양은 앞으로 수십억 년 동안 빛날 테니까요. 태양 에너지처럼 쓰고 또 써도 없어지지 않는 에너지를 재생 가능 에너지 또는 재생 에너지라고 불러요.

쓰고 또 써도 없어지지 않는 재생 에너지

지구 온난화를 일으키지 않으면서 풍부하게 쓸 수 있는 에너지는 없을까요? 많은 과학자들은 앞에서 소개한 재생 에너지가 지구 온난화 문제를 해결할 수 있는 미래의 에너지라고 믿고 있어요.

사실 사람들은 아주 오래전부터 재생 에너지를 써 왔어요. 농작물이나 생선 또는 육류를 말려 주는 햇볕이 바로 재생 에너지의 한 종류인 태양 에너지예요. 물레방아와 풍차를 돌리는 수력 에너지와 풍력 에너지도 재생 에너지고요.

물은 높은 곳에서 낮은 곳으로 끊임없이 흘러요. 낮은 곳에 모인 물은 눈과 구름이 되어 다시 높은 곳으로 이동하지요. 바람도 마찬가지예요. 바람은 햇볕이 쬐는 한 기압이 높은 곳에서 낮은 곳으로 끊임없이 불거든요.

바이오매스 에너지

땔나무는 불의 발견과 함께 쓰기 시작한 재생 에너지예요. 나무나 풀, 미생물 같은 동식물이 가진 에너지를 '바이오매스 에너지'라고 불러요. 사람들은 오래전부터 미생물의 에너지를 이용해 술이나 간장, 된장, 치즈 같은 발효 식품을 만들었어요. 바이오매스 에너지가 어째서 재생 에너지냐고요?

석유나 석탄 같은 화석 에너지는 생물의 사체가 땅속에 묻히고 수천만 년에서 수억 년이 지나야 만들어져요. 하지만 바이오매스 에너지는 생물이 사라지지 않는 한 계속 쓸 수 있어요. 땔나무로 쓰려고 나무를 베어 낸 만큼 다시 나무를 심고 키우면 되잖아요. 물론 생물이 멸종될 만큼 한꺼번에 많이 쓰지는 말아야겠지요. 따라서 바이오매스 에너지는 쓰고 또 써도 사라지지 않는 재생 에너지예요.

땅속의 마그마가 가진 지열 에너지나 밀물과 썰물이 가진 조력 에너지도 재생 에너지예요. 지열 에너지는 지구의 내부가 차갑게 식을 때까지 계속 쓸 수 있고, 조력 에너지는 달이나 바닷물이 사라질 때까지 계속 쓸 수 있으니까요.

옛날에는 재생 에너지를 거의 그대로 썼지만 요즘에는 전기 에너지로 바꾸어 쓰고 있지요. 태양광 발전소와 태양열 발전소, 수력 발전소, 풍력 발전소, 지열 발전소, 조력 발전소에서 전기를 만들고 있거든요. 더 나아가 바이오매스 에너지를 이용해 전기를 만드는 기술도 개발되고 있어요. 2016년 자료에 따르면 세계 전력 생산량에서 수력 발전을 포함한 재생 에너지의 비율이 24% 정도이고 그 비율은 점점 늘

태양광 패널

어나고 있어요.

　재생 에너지에는 큰 공통점이 하나 더 있어요. 대부분의 재생 에너지는 태양의 선물이라는 거예요. 태양은 낮은 곳의 물을 높은 곳으로 올려놓고 땅과 바다를 데워 바람을 일으키지요. 또 모든 동식물을 키워요. 그러니 따지고 보면 수력과 풍력과 바이오매스 에너지는 모두 태양 에너지인 셈이에요. 지구는 태양 에너지 저장소라고 말했던 것처럼 말이에요.

원자력 에너지의
빛과 그늘

원자력 에너지가 석탄과 석유를 대체할 가장 좋은 에너지라고 주장하는 사람도 있어요. 우라늄 1킬로그램이 내는 에너지는 석탄 300만 킬로그램에 맞먹을 정도거든요. 원자력 발전소에서 전기를 만들면 그만큼 많은 석탄을 쓰지 않아도 된다는 거예요. 원자력 발전소에서는 아주 적은 양의 에너지로 깨끗한 전기 에너지를 무한히 만들 수 있는 셈이니까요. 원자력 발전소는 정말 이런 장점만 가지고 있는 걸까요?

2011년 3월 11일, 일본 북동쪽의 해안에 위치한 후쿠시마 원자력 발전소에 거대한 쓰나미가 덮쳤어요. 그 결과 원자로가 고장 나고 방사능이 새어 나오면서 주변 수십 킬로미터의 지역과 인근 바다를 오염시켰어요. 방사능에 오염된 생물은 병에 걸려 고통을 받으며 죽었어요.

방사능은 금세 사라지지 않아요. 생물이 다시 살 수 있을 만큼 방

6장 미래 사회를 위한 클린 에너지

체르노빌

사능이 약해지는 데는 수백 년 이상 걸리거든요.

원자력 발전소 사고가 자연재해 때문에만 일어나는 것은 아니에요. 1986년 4월 26일에는 러시아의 체르노빌 원자력 발전소에서 방사능 누출 사고가 일어났어요. 발전 성능에 관한 실험을 하던 중 조작 실수로 일어난 사고였지요. 후쿠시마는 물론 체르노빌 원자력 발전소 사고의 피해는 지금도 끝나지 않고 계속되고 있어요. 이처럼 원자력 발전소는 한 번이라도 사고가 일어나면 큰 피해를 가져와요.

비교적 안전한 핵융합 발전소

자연재해나 조작 실수를 철저히 예방하는 방법을 찾으면 원자력 발전소 사고를 막을 수 있을까요? 그래도 문제는 남아요. 원자력 발전에 쓰이고 남은 폐기물을 방사성 폐기물이라고 하는데 이 핵폐기물에서도 방사능이 나오기 때문이에요. 그래서 방사성 폐기물은 방사능이 약해질 때까지 지하 깊은 곳에 지어 놓은 시설에 보관해야 해요. 만약 방사성 폐기물 보관소 근처에서 지진이라도 나면 어떻게 될까요? 당연히 보관소가 부서지면서 방사능이 쏟아져 나오겠지요. 이곳에서도 방사능 누출 사고가 일어날 수 있는 거예요.

원자력 발전의 방식에는 두 가지가 있어요. 우리가 흔히 알고 있는 원자력 발전에서는 우라늄 같은 무거운 원자핵이 쪼개지는 핵분열 때 나오는 에너지를 이용해요. 또 다른 원자력 발전의 방식은 핵융합 발전이에요. 핵융합 발전에서는 수소 같은 가벼운 원자의 핵이 서로 달라붙어 헬륨 원자핵으로 바뀔 때 나오는 에너지를 이용하지요. 태양이 엄청난 에너지를 내며 뜨겁게 타오르는 것도 태양 중심에서 핵융합이 일어나기 때문이에요. 그래서 핵융합 발전소를 '인공 태양'이라고 부르기도 한답니다.

핵융합 발전은 핵분열 발전에 비해 장점이 많아요. 연료인 수소를 얻기가 쉽고, 같은 양의 연료에서 더 많은 에너지를 얻을 수 있거든요. 또 핵융합 폐기물에서 나오는 방사능은 핵분열 폐기물에서 나오는 방사능보다 훨씬 약해요. 그래서 핵분열 폐기물처럼 크게 위험하지도 않고 오랜 시간 보관하지 않아도 되지요. 핵융합 발전 시설은 핵분열 발전 시설에 비해 안전하기도 해요. 비상사태가 일어났을 때 연료 공급만 끊으면 금세 멈추거든요.

물론 핵융합 발전에도 단점은 있어요. 핵융합 발전에 필요한 기술은 아주 어렵다는 거예요. 그만큼 비용도 많이 들지요. 핵융합 발전 기술은 지금도 연구 개발 중이에요. 실제로 핵융합 발전소를 건설해 전기 에너지를 얻으려면 아직 수십 년을 더 기다려야 한다고 해요.

미래의 에너지를 위한
선택과 도전

이산화탄소와 같은 환경오염 물질을 배출하지 않는 에너지 자원을 '클린 에너지'라고 불러요. 그런 뜻에서는 원자력 에너지도 클린 에너지라고 할 수 있어요. 하지만 무시무시한 방사능을 내는 원자력 에너지를 클린 에너지라고 부르기에는 좀 꺼림칙하네요. 지구 온난화와 미세먼지 같은 문제를 해결할 수 있는 진정한 클린 에너지라면 앞에서 설명한 재생 에너지가 아닐까요? 그런데 재생 에너지도 해결해야 할 문제점을 가지고 있어요.

재생 에너지의 한계점
태양 에너지로 전기를 얻으려면 아주 넓은 지역에 태양

광 발전소를 지어 태양 전지판을 늘어놓아야 해요. 그래서 태양광 발전소를 하나 지으려면 원자력 발전소보다 수십 배의 땅이 필요하지요. 우리나라처럼 산이 많은 곳에서는 태양광 발전소를 지을 평평한 땅이 부족해요. 그렇다고 산기슭의 나무를 베어 태양광 발전소를 지을 수는 없어요. 그러다가는 환경을 보호하기는커녕 오히려 환경을 해치는 꼴이 될 테니까요.

수력 발전은 어떨까요? 아쉽지만 수력 발전소에도 한계는 있어요. 수력 발전소를 지으려면 강을 막아 높은 댐을 만들어야 하는데 이런 댐은 자연스럽게 흐르는 강물을 막기 때문에 생태계에 큰 혼란을 줄 수밖에 없어요. 또 발전 능력이 강수량에 좌우되기 때문에 효율이 낮은 편이지요.

그렇다면 바람을 이용하는 풍력 발전은 어떨까요? 풍력 발전소는 바람의 힘으로 커다란 날개를 돌려 전기를 얻어요. 날개가 돌아갈 때 저주파 소음이 심하게 발생하는데, 소음이 사람을 비롯한 주변 생물에 큰 피해를 주지요. 꿀벌들은 소음 때문에 방향을 잃어 집을 찾지 못하고 헤매기도 해요. 꿀벌이 사라지면 당연히 식물 생태계에도 큰 피해를 주겠지요.

이번에는 조력 발전을 생각해 볼까요? 조력 발전소는 밀물과 썰물의 힘을 이용해 전기를 만드는 시설이어서 당연히 밀물과 썰물의 높이 차가 큰 바닷가에 만들어야 하지요. 우리나라의 서해안은 밀물과 썰물의 차이가 세계에서도 손꼽히는 곳이에요. 그래서 인천시에서는 강화도 주변에 조력 발전소를 짓겠다는 계획을 세웠어요.

아이슬란드 지열 발전소

그런데 조력 발전소를 지으려면 넓은 갯벌을 막아야 해요. 갯벌은 다양한 생물이 살아가는 해양 생태계의 보고이고 특히 우리나라 서해안의 갯벌은 세계 5대 갯벌에 꼽힐 만큼 풍부한 생태계를 자랑하지요. 만일 강화도에 조력 발전소가 세워진다면 풍요로운 갯벌 생태계는 폐허가 될 거예요. 환경 단체에서는 지금도 강화 조력 발전소의 건설을 반대하고 있답니다.

그렇다면 땅속의 열을 이용하는 지열 발전소는 어떨까요? 지열로 물을 끓이고 그때 나오는 고압의 수증기로 발전기를 돌려 전기를 얻을 수 있는 지열 발전소에서는 햇빛이나 바람, 물처럼 날씨의 영향을 받지 않고, 짓는 데도 넓은 땅이 필요 없지요. 그런데 뜻밖의 문제가 나타났어요. 지열 발전소에서 뜨거운 물을 얻으려면 고압의 물을 땅속 깊은 곳까지 주입해야 하는데 이때 고압의 물이 지층에 영향을 주어 작은 지진을 일으킨다는 사실이에요. 또 작은 지진이 여러 번 일어나면서 큰 지진을 일으킬 수도 있어요.

2017년 11월에 우리나라 포항에서는 규모 5.4의 지진이 일어나 큰 피해가 있었어요. 2019년 3월 20일, 정부의 조사 연구단은 포항 지진이 주변의 연구용 지열 발전소에서 주입한 고압의 물 때문에 일어났다고 최종 발표했지요.

그밖에 미래의 클린 에너지로 개발되고 있는 에너지 자원에는 수소 연료 전지 등 여러 가지가 있어요. 수소 연료 전지는 수소가 공기 중의 산소와 결합해 물이 될 때 나오는 전기를 이용하는 배터리예요. 요즘 뉴스에 자주 등장하는 수소 자동차는 수소 연료 전지를 이용해 달리는 차를 말해요.

포항 지진

수소 자동차에서 배출되는 것은 해로운 배기가스가 아니라 수증기뿐이어서 미세먼지를 줄일 수 있어요. 하지만 수소 자동차 개발은 아직 걸음마 단계여서 만드는 데 비용이 많이 들어가요. 또 공장에서 수소를 만들 때 오염 물질이 배출된다는 단점도 있고요.

지금까지 우리는 에너지가 무엇이고, 사람들이 어떤 에너지를 어떻게 이용해 문명을 발전시켰는지 알아보았어요. 또 석탄과 석유 같은 화석 에너지를 많이 쓰면서 지구에 어떤 위기가 닥쳤는지도 살펴보았고요.

마지막으로 석탄과 석유를 대체하는 새로운 에너지가 밝은 미래를 약속할 수 있다는 희망도 엿보았어요. 비록 새로운 에너지에도 해결해야 할 문제들은 많지만 말이에요.

6장 미래 사회를 위한 클린 에너지

　하지만 우리의 선택은 거의 정해져 있어요. 석탄과 석유 같은 화석 에너지의 사용을 점점 줄여야 하고, 친환경적인 재생 에너지 개발에 힘써야 한다는 거예요.

　물론 인류는 여러 가지 어려움에도 불구하고 더 많은 에너지를 쓰면서 문명을 끊임없이 발전시켜 나갈 거예요. 또 지구 온난화와 미세

먼지 같은 위험도 해결해 나갈 것이고요. 왜냐하면 여러분은 틀림없이 미래 환경을 위한 새로운 에너지 자원이 어떤 것인지 슬기롭게 선택할 것이고, 거기에 숨어 있는 문제점들을 해결하려고 끈기 있게 노력할 테니까요.

에너지에 관심을 갖고
고민해야 할 때예요

과학자들은 세상이 물질과 에너지로 이루어져 있다고 말해요. 물질이 무엇인지 모르는 사람은 없을 거예요. 우리가 보거나 만질 수 있는 모든 것은 물질이에요. 우리 몸과 주변의 물건, 식물과 동물, 땅과 바다와 공기는 물론 우주 공간의 모든 별을 이루는 것도 물질이지요.

물질은 눈으로 보거나 손으로 만질 수 있지만 에너지는 그럴 수가 없어요. 그래서 에너지가 무엇인지 제대로 아는 사람은 많지 않아요. 에너지도 물질처럼 언제나 우리 주변을 가득 채우고 있는데 말이에요.

어둠을 밝히는 환한 빛, 시끄럽거나 나지막한 소리, 우리 몸을 따뜻하게 데우는 열은 모두 에너지예요. 살랑살랑 나뭇가지를 흔드는 바람, 우당탕탕 계곡을 따라 흐르는 물, 땅과 풀잎을 촉촉이 적시는 비도 모두 에너지를 가지고 있지요.

우리를 비롯한 모든 동물과 식물도 에너지를 이용해 살아가요. 음식을 통해 에너지를 얻고, 그 에너지를 이용해 몸을 움직이면서 말이에요. 우리는 에너지의 바다에 풍덩 빠져 살고 있는 셈이에요.

우리가 누리는 풍요로운 세상은 에너지에 신세를 지고 있어요. 텔레비전과 컴퓨터, 에어컨, 냉장고 같은 가전제품은 모두 전기 에너지를 이용하고 있으니까요. 공장에서 물건을 만들거나, 도로와 건물을 지을 때에도 에너지가 필요해요. 물론 우주 공간에 인공위성을 띄울 때에도 에너지가 필요하지요.

삶이 더 풍요로워질수록 우리가 쓰는 에너지의 양은 점점 많아질 거예요. 그런데 에너지 소비가 늘면서 에너지를 만들기 위해 지구의 환경은 점점 나빠지고 있어요. 지구 온난화나 미세먼지 같은 환경 재앙이 생태계를 크게 위협하고 있는 거지요.

이런 환경 재앙의 주요 원인은 석탄과 석유 같은 에너지 자원이에요. 지난 수백 년 동안 문명 발전에 크게 기여했던 에너지 자원이 이제 우리의 미래를 위협하고 있는 셈이지요. 물론 많은 사람들이 환경을 오염시키지 않는 깨끗한 에너지를 발견하기 위해 노력하고 있지만 아직 가야 할 길은 멀어요.

에너지 문제에 10대들이 좀 더 관심을 갖고 고민했으면 해요. 그것이 바로 지구를 지키면서 우리 삶을 발전시켜 나갈 수 있는 유일한 방법이니까요.

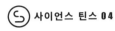
사이언스 틴스 04

궁금했어,
에너지

초판 1쇄 발행 2019년 9월 23일
초판 6쇄 발행 2024년 2월 14일

글 | 정창훈
그림 | 조에스더
펴낸이 | 한순 이희섭
펴낸곳 | (주)도서출판 나무생각
편집 | 양미애 백모란
디자인 | 박민선
마케팅 | 이재석
출판등록 | 1999년 8월 19일 제1999-000112호
주소 | 서울특별시 마포구 월드컵로 70-4(서교동) 1F
전화 | 02)334-3339, 3308, 3361
팩스 | 02)334-3318
이메일 | book@namubook.co.kr
홈페이지 | www.namubook.co.kr
블로그 | blog.naver.com/tree3339

ISBN 979-11-6218-077-8 73500